W0261633

Verständliche Wissenschaft

Sechster Band

Das Leben des Weltmeeres

Von

Ernst Hentschel

Berlin · Verlag von Julius Springer · 1929

Das Leben des Weltmeeres

Von

Professor Dr. Ernst Hentschel
Hamburg

1. bis 5. Tausend

Mit 54 Abbildungen

Berlin · Verlag von Julius Springer · 1929

ISBN-13: 978-3-642-89832-7   e-ISBN-13: 978-3-642-91689-2
DOI: 10.1007/978-3-642-91689-2

Alle Rechte, insbesondere das der Übersetzung
in fremde Sprachen, vorbehalten.
Copyright 1929 by Julius Springer in Berlin.
Softcover reprint of the hardcover 1st edition 1929

Vorwort.

Die Anregung, dies Buch zu schreiben, trat an dem Abend an mich heran, an dem ich zum ersten Male versuchte, die biologischen Ergebnisse der „Meteor"-Expedition in großen Umrissen einem wissenschaftlichen Kreise vorzutragen. Die Erinnerungen jahrelanger Seefahrt, auf der langsam eine große Gesamtanschauung vom Leben des Weltmeers in mir herangewachsen war, verbanden sich in dieser Stunde mit Erinnerungen weit zurückliegender Jahre: Ich dachte an die Zeit, da ich einen der größten deutschen Meister verständlicher Wissenschaft, Alexander von Humboldt, zum ersten Male las.

Ich habe vielleicht nie wieder so stark wie damals reine Wissenschaft als in das Leben eingreifende Macht empfunden.

Später, inmitten der Überfülle von Wissenschaft aller Art, ist mir dies Gefühl oft verlorengegangen. Das Wesentliche, das wirklich Wissenswerte wird heute von so viel weniger Wichtigem, selbst Wertlosem überwuchert, daß man leicht den Blick für die großen Züge des Ganzen verliert. Die Wissenschaft wächst in vielen ihrer Teile wie ein unbeschnittener Baum, an dem die fruchtbaren Zweige unter dem Wuchern der unfruchtbaren leiden.

Ich habe mich daher viel um die Frage bemüht: Was ist wissenswert? Und warum ist etwas wissenswert? — Gewiß vieles deswegen, weil es Nutzen bringt. Aber den Wert der Wissenschaft an der praktischen Verwertbarkeit ihrer Ergebnisse messen oder gar die „angewandte" Wissenschaft höher als die „reine", zweckunbewußte bewerten, das hieße,

Äpfel und Trauben nach ihrem Nährwert schätzen wollen. Gewiß ist die Wissenschaft nicht „um ihrer selbst willen", sondern für das Leben da. Aber ihr eigentlicher Wert liegt auf einer viel höheren Stufe des Lebens als der praktische Nutzen.

Von dem Wert jener inneren Macht reiner Wissenschaft spreche ich. Von dem ins Leben unmittelbar Eingreifenden. Von jener klärenden, stärkenden, befreienden und erhebenden Macht, deren Wirksamkeit sich nicht wägen und messen, auch dem nicht verständlich machen läßt, der sie nicht erlebt, deren Wert aber, wie ich meine, ein außerordentlich hoher ist.

In diesem Sinne habe ich geglaubt, mit diesem kleinen Buche Wertvolles leisten zu können, Wertvolleres als mit mancher wissenschaftlichen Untersuchung. Ich würde seinen Zweck nicht als erfüllt betrachten, wenn es dem Leser nur Belehrung brächte, wenn ihm die Wissenschaft vom Weltmeer nicht mehr werden würde als eine Quelle des Wissens.

Wensenbalken bei Hamburg,
   im Frühling 1929.

Ernst Hentschel.

Inhaltsverzeichnis.

Quellenverzeichnis der Abbildungen.

Die Bilder sind zum großen Teil auf Grund von Abbildungen der genannten Werke neu gezeichnet worden.

Abb. 1 Original.
,, 2 nach Ahlborn, aus Abel: Palaeobiologie (Gustav Fischer, Jena).
,, 3 Original in Anlehnung an Agassiz u. a.
,, 4 u. 5 Originale.
,, 6 aus Schott: Geographie des Atlantischen Ozeans, 2. Aufl. (Boysen, Hamburg).
,, 7 nach Lohmann.
,, 8 nach einer Photographie von Dr. G. Boehnecke.
,, 9—11 zusammengestellt nach Arbeiten von Gran, Lohmann und Schütt.
,, 12 aus Steuer: Planktonkunde (B. G. Teubner, Leipzig).
,, 13 nach Hentschel.
,, 14 nach Hentschel, verändert.
,, 15 Original unter Benutzung von Schott (wie Abb. 6).
,, 16—18 Originale.
,, 19 wie Abb. 15.
,, 20 nach Vanhöffen und Sars, aus Murray u. Hjort: The Dephts of the Ocean (Macmillan, London).
,, 21 nach Hentschel.
,, 22 nach Chun.
,, 23 nach Chun, aus Steuer (wie Abb. 12), verändert.
,, 24 aus Murray u. Hjort (wie Abb. 20).
,, 25 nach Chun, aus Goldschmidt: Einführung in die Wissenschaft vom Leben oder Ascaris (Julius Springer, Berlin).
,, 26 nach Chun und Brauer, aus Goldschmidt (wie Abb. 25).
,, 27 nach Chun, aus Goldschmidt (wie Abb. 25).
,, 28 nach Chun, aus Steuer (wie Abb. 12).
,, 29 u. 30 aus Chun: Aus den Tiefen des Weltmeers, 2. Aufl. (Gustav Fischer, Jena).
,, 31 aus Murray u. Hjort (wie Abb. 20).
,, 32 nach Lohmann.
,, 33 u. 34 nach Hentschel.
,, 35 Original.
,, 36 nach Haecker.
,, 37 nach Théel.
,, 38 aus Chun (wie Abb. 29).
,, 39 nach Wyv. Thomson.
,, 40 nach Murray.
,, 41 aus Chun (wie Abb. 29).
,, 42 nach Wyv. Thomson.
,, 43 u. 44 aus Chun (wie Abb. 29).
,, 45 nach Turner, aus Apstein: Tierleben der Hochsee (Lipsius u. Tischer, Kiel).
,, 46 nach Krümmel, verändert.
,, 47 aus Schott (wie Abb. 6).
,, 48 aus Goldschmidt (wie Abb. 25).
,, 49 nach Saville Kent: The Great Barrier Reef (W. H. Allen, London).
,, 50 nach Günther.
,, 51 u. 52 nach Agassiz.
,, 53 u. 54 nach Joh. Schmidt.

1. Was das Weltmeer eigentlich ist.

Das Meer! —

Wir stehen auf hohen Dünen und sehen hinaus auf eine weite, strahlende Wasserfläche, von einer schlichten Linie in der Ferne begrenzt. So weit der Blick reicht, dehnt sich das Wasser, das zu unseren Füßen brandend Tang und Muscheln an den Strand spült. Ein Fischerfahrzeug unterbricht mit seinem weißen Segel die regungslose, wie aus Stahl gegossene Scheibe. Da treiben ein paar Menschen auf dem Wasser, Fische zu fangen zur Nahrung für Menschen. Ein paar Möwen flattern auf. Regenpfeifer trippeln den feuchten Sand da unten entlang. Spuren des Lebens überall. Doch wie wenig Leben! Nur gerade so viel, um das Gefühl der Leblosigkeit erst recht stark in uns werden zu lassen.

Und doch wird dies Gefühl der leblosen Öde noch um vieles stärker, wenn wir nicht mehr an das Meer denken, wie wir es an der Küste zu sehen gewohnt sind, wie wir etwa die Ostsee, die Nordsee, das Mittelmeer gesehen haben, sondern denken an das *große* Meer, den Ozean. Kein Strand mit seinem wunderlichen Getier, kein Fischer mehr, ja lange Tage hindurch nicht einmal ein Vogel unterbricht den Anblick des rein und klar in sich geschlossenen Kreises, der das Schiff umgibt. Eine Wüste ist um uns her. Wir fahren und fahren lange, gleichförmige Tage. Die Sonne geht auf — die Sonne geht unter. Endlos dehnt sich die blaue Wüste. Endlos — und leblos.

Wenn wir vom Leben des Meeres sprechen — wer dächte da nicht zu allererst an den Strand, dem wir entlanggewandert sind, an das bunte Gewirr, das im Schaum der Brandung herauf- und herabrollt, braune und grüne Tange, Schnecken, Krebse, ein toter Fisch und dergleichen; wer dächte nicht an eine Bootsfahrt über grüne Seegraswiesen hin, in denen allerlei wunderliches Getier umherkriecht, über flache Felsengründe, aus deren dämmrigen Gründen bunte, fleischige Seegewächse heraufleuchten, wo über gelben Seesternen blau schimmernde Fische in Scharen hinstreichen; wer dächte nicht an die heimkehrenden Fischerboote mit ihrem Fang? Gewiß, es gibt ein reiches Leben im Meere.

Aber bedenken wir einmal, wie groß eigentlich dies „Meer" ist, auf das sich unsere Erfahrungen beziehen. Wie groß — und wie tief es ist — und wie es sich zu dem Ozean, dem „Weltmeer" verhält! Was wir vom Strand, vom Boot aus übersehen, ist natürlich nur ein ganz schmaler Streifen ganz flachen Wassers längs der Küste. Wie es weiter draußen aussehen mag, darüber gibt uns vielleicht das einige Auskunft, was die Wellen an den Strand werfen, besser noch das Netz der Fischer, die da auf der „hohen See" arbeiten. Wo gefischt wird — das sind natürlich nur bestimmte, meist sehr beschränkte Gebiete —, werden viele Fische heraufgebracht, und dazu allerlei anderes Getier, der „Beifang", der wieder über Bord geworfen wird: Seeigel, Seesterne, Krebse, Schwämme, Muscheln, Würmer. Nehmen wir nun an, die ganze Nord- und Ostsee, als Hauptbereiche unserer Fischerei, seien in ähnlicher Weise besiedelt (und diese Annahme trifft einigermaßen das Richtige). Dann würde es sich fragen: Wie verhalten sich Nord- und Ostsee zum gesamten Meer der Erde? Landkarten geben uns darüber meist keine geeignete Auskunft, teils weil sie den Hauptwert auf die Darstellung der Länder legen, teils weil sie die natürlichen Verhältnisse großer Teile der Erddoberfläche immer nur verzerrt darstellen können. Wir bedürfen eines Globus'. Ach, wie jämmerlich klein sind da Nord- und Ostsee! Und wenn wir die übrigen großen Fischereigebiete der Erde hinzunehmen, die Küstengewässer von Norwegen und Island, die Neufundlandbank usw. — wie wenig ist das vom Weltmeer!

Und dazu kommt noch ein Zweites: es sind ganz flache

Gewässer. Es sind sogenannte Schelfgebiete. Unter Schelf versteht man die Gründe, welche sich gewöhnlich als schmaler Saum an die Festländer anschließen. Ihre Tiefe beträgt im allgemeinen weniger als 200 m. Außerhalb davon fällt der Meeresboden meist verhältnismäßig steil zu großen Tiefen ab. Da nun die mittlere Tiefe der Ozeane etwa 4000 m beträgt, so umfassen diese Gebiete der Tiefe nach höchstens ein Zwanzigstel der Weltmeertiefe. Der Fläche nach betragen sie etwa ein Dreizehntel des Ganzen. Versucht man auf Grund dieser Werte den Rauminhalt dieser flachen Meere annähernd zu schätzen, so kommt man auf außerordentlich niedrige Zahlen. Aus dem allen folgt: Solange sich unsere Kenntnis auf die Gebiete beschränkt, von denen bisher die Rede war, und von denen gewöhnlich am meisten gesprochen wird, wenn man das Leben des Meeres schildern will, so wissen wir vom Leben des Ozeans — eigentlich noch nichts. Alles dies ist für eine Betrachtung des Weltmeeres nebensächlich im eigentlichen Sinne des Wortes. Es handelt sich da nur um schmale und ganz flache Nebengebiete, Randgebiete. Wir sind in keiner Weise zu der Annahme berechtigt, daß das, was wir in den seichten Küstenmeeren zu beobachten vermögen, sich im offenen Ozean oder gar in der Tiefsee wiederholt. So müssen wir zunächst einmal ganz absehen von dem, was uns zuerst in der Erinnerung aufsteigt, wenn vom Leben des Meeres die Rede ist. Ja, wir müssen uns in acht nehmen, daß wir nicht unwillkürlich in den Küstengebieten gewonnene Vorstellungen auf die Hochsee übertragen.

Es ist schwer, ja eigentlich unmöglich, sich von der ungeheuren Wassermasse der Ozeane oder auch nur von ihrer Flächenausdehnung eine deutliche Vorstellung zu bilden. Betrachten wir unseren Globus so, daß wir den Stillen oder Pazifischen Ozean möglichst vollständig überschauen können, so sehen wir von den Landmassen der Erdteile fast nichts mehr, nur noch am Rande der ungeheuren Wasserfläche erscheinen beschränkte Teile von Australien und Amerika. Das Verhältnis der wasserbedeckten Teile der Erdoberfläche zu den Landflächen ist derart, daß das Meer etwa $2/3$ der ganzen Erde bedeckt. Man berechnet die Oberfläche des

Weltmeeres auf 361 Millionen Quadratkilometer, seinen Rauminhalt auf 1370 Millionen Kubikkilometer. Vorstellen kann
man sich bei diesen Zahlen natürlich nichts. Aber jedenfalls
haben wir es hier mit ganz ungeheuren Räumen zu tun und
müssen unsern Blick zu weiten bemüht sein für diese gewaltigen Dimensionen. Je ferner wir uns der Küste und Flachsee denken — und es stehen uns ja schier endlose Weiten
zur Verfügung —, um so reiner werden wir im allgemeinen
die natürlichen Verhältnisse der Hochsee verwirklicht finden.
Wir müssen uns grundsätzlich umstellen von der gebräuchlichen Betrachtung, die von den engen, menschennahen Verhältnissen ausgehend sich schließlich auch in ozeanische
Weiten hinaustastet, zu einer Betrachtung, die da beginnt,
wo der Mensch nicht hinzukommen, wo er höchstens mit seinen Schiffen flüchtig vorüberzuziehen pflegt, ohne eine Spur
seines Daseins zu hinterlassen, wo das Leben so vollkommen
„ozeanisch“ abläuft, als besäße das Meer weder ein Ende
noch einen Grund. Wir müssen hinausfahren in die grenzenlose Weite des Weltmeers.

2. Das Leben der Sturmschwalben.

Ein Hamburger Schiff, nach Südamerika auslaufend, führt
uns die Elbe hinab in die Nordsee hinaus. Möwen folgen
hinter dem Heck, Tange und Quallen treiben im trübgelb-
grünen Wasser. Wir verlassen den englischen Kanal, das
letzte Land verschwindet, und die großen, ruhigen Wellen
des Ozeans nehmen uns auf. Das Wasser wird reiner grün,
die Möwen werden spärlicher. Dann eines Morgens ist das
Wasser blau. Nun sind wir erst eigentlich im Atlantischen
Ozean. Nur vereinzelt tauchen noch Möwen auf — man kann
stundenlang hinaussehen, ohne einen Vogel zu bemerken.
Leblos breitet sich bald nach allen Seiten das Wasser.
Plötzlich aber, nachdem mehrere Tage in dieser Weise ver-
gangen sind, bemerken wir wieder etwas Lebendiges: zwei
kleine schwarze Vögel hinter dem Schiff, der Größe und
Gestalt nach an Schwalben erinnernd, wenn auch in der Be-

4

wegung ganz anders geartet (Abb. 1). Sie flattern lebhaft
ganz dicht über den Wellen hin, zuweilen scheinen sie auf
dem Wasser zu laufen, manchmal verschwindet sogar für
einen Augenblick einer unter Wasser. Offenbar jagen sie
nach Abfällen, welche das Schiff in seinem Kielwasser zu-
rückläßt. Sie sind weit und breit das einzige, was wir an

Abb. 1. Sturmschwalben.

Lebendigem sehen. Beachten und bedenken wir also zunächst
dies wenige, diese kleinen Sturmschwalben oder Petersvögel.

Der Seemann weiß, daß diese kleinsten unter allen Seevögeln den ganzen Atlantischen Ozean überqueren können,
denn sie werden zum wenigsten da, wo Afrika und Südamerika am nächsten aneinanderrücken, überall angetroffen.
Wir wissen ferner — das ist je selbstverständlich —, daß
sie am Lande geboren sind und wenigstens einmal in ihrem
Leben ans Land zurück müssen. Sie nisten an den Küsten,

zumal auf den einsamen Inseln, wo sie ihre Nester wohlge-
schützt in Erdlöchern haben. Da legen sie jedesmal nur ein
einziges Ei. Wenn sie nun auch, wie anzunehmen ist, mehrere
Male in ihrem Leben brüten, so kann doch die Gesamtzahl
ihrer Nachkommen nur gering sein. Das ist sehr beachtenswert. Hat nämlich eine Tier- oder Pflanzenart sehr viele
Nachkommen, so können auch viele zugrunde gehen, ohne
daß dadurch das Dasein der Art gefährdet wird. Sofern von
den Jungen jedes Pärchens im Durchschnitt nur zwei übrigbleiben und wieder Eier legen und Junge haben, so bleibt
ja die Art mit ihrer bisherigen Anzahl von Einzelwesen unverändert bestehen. Soll bei wenigen Nachkommen die Art
fortbestehen, so müssen diese wenigen auch wenig gefährdet
sein. Für die Sturmschwalben kann also die offene See nur
wenig Gefahren bieten. Sie müssen sehr gut dem Leben auf
freiem, stürmischem Meere angepaßt sein.

Zweierlei also ist hier auffallend und rätselhaft: wie sie so
große Entfernungen zu überwinden und wie sie den auf den
ersten Blick so großen Gefahren des Hochseelebens zu ent-
rinnen vermögen. Dazu kommt aber ein Drittes, noch Wich-
tigeres: Wie können sie sich denn in der grenzenlosen Was-
serwüste ernähren? —

Bei der Frage nach der Beherrschung so ungeheurer land-
loser Räume werden wir zunächst an ein hochentwickeltes
Flugvermögen denken. Man kann die kleinen Vögel in der Tat
oft tagelang mit unermüdlicher Ausdauer dem Schiffe folgen
sehen. Aber damit ist noch nicht viel gesagt. Gewöhnlich sind
es mehrere, die über dem Kielwasser flattern, und wäre es
auch nur einer, so können wir doch niemals mit Sicherheit
sagen, ob es immer der gleiche ist. Wir wissen aber, daß
kleine Vögel, Singvögel oder solche von ähnlicher Größe,
zum Teil unglaubliche Entfernungen in ununterbrochenem
Fluge zurücklegen. Wir wissen das von Zugvögeln, die große
Meeresteile überfliegen, in denen es keinen Ruhepunkt für sie
gibt. Ein solches außerordentliches Flugvermögen dürfen wir
nun bei den Sturmschwalben um so mehr annehmen, da sie
im Bau ihrer sehr langen Flügel den besten Fliegern, den
Schwalben und Seglern, sehr ähnlich sind.

Es kommt noch ein Zweites hinzu: Unsere einsamen Weltmeerflieger sind Schwimmvögel; sie haben kleine zierliche, doch sehr vollkommene Schwimmfüße. Sie vermögen somit auf dem Wasser auszuruhen. Damit erscheint also die Frage nach der Überwindung der großen Dimensionen in einfacher Weise gelöst. Aber nein! Es fehlt noch etwas sehr Wesentliches. Es gehört ja dazu, daß sie zum Lande zurückzufinden, daß sie den Heimweg zu finden vermögen. Wie das möglich ist — das wissen wir leider ganz und gar nicht. Man hat bei den Zugvögeln viel über diese Frage der Wegfindung nachgedacht und Beobachtungen darüber angestellt. Sicher ist, daß viele sich von den Strömen, den Küsten auf ihrem Wege leiten lassen, auch daß manche ein vortreffliches Ortsgedächtnis haben, wahrscheinlich, daß sie ein Unterscheidungsvermögen für die Himmelsrichtungen und ein vielleicht außerordentlich feines Empfinden für Unterschiede des Klimas haben. Aber die Sache bleibt uns doch mehr oder weniger ein Rätsel. Und wieviel rätselhafter noch ist sie für die Vögel des Ozeans! Wir müssen bekennen, daß hier eine klaffende Lücke in unserm Wissen besteht.

Über die Frage der Gefährlichkeit des Hochseelebens ist nach dem Vorhergehenden wenig mehr hinzuzufügen. Feinde von irgendwelcher Bedeutung scheinen diese Vögel nicht zu haben. Die Gefahren von Sturm und Wetter mögen gerade für einen kleinen, dicht an der Wasseroberfläche sich aufhaltenden, gewandten Flieger verhältnismäßig gering sein. In schweren Stürmen mögen die Wellen ihnen wie Berge sein, hinter denen sie Schutz finden. So bleibt vielleicht die größte Gefahr — und das führt uns weiter auf unsere dritte Frage — die des Verhungerns. In der Tat scheinen alle die Tiere, welche den Schiffen zu folgen pflegen, Vögel und Haie, viel unter Hunger zu leiden zu haben. Das beweisen sowohl die oft leeren Mägen derer, die man aufgeschnitten hat, wie der Umstand, daß viele davon ohne Rücksicht auf alle Gefahren mit blinder Gier auf den Köder losgehen, den man ihnen zuwirft, auch dann noch, wenn sie schon halb gefangen waren oder von der Angel blutig gerissen sind.

Aber wovon nähren sich nun eigentlich unsere Sturm-

schwalben? — Wir können das unschwer untersuchen, da es
nicht selten vorkommt, daß sie an Bord des Schiffes fliegen
und dann leicht gefangen werden. Leere Mägen werden wir
auch bei ihnen häufig finden, aber zuweilen doch auch Reste
von Nahrung darin, hauptsächlich Schalenteile kleiner Krebs-
tiere.

Die Vogelkundigen geben an, daß sie sich von Krebsen,
Weichtieren, kleinen Fischen, Fischabfällen, überhaupt tierischen Stoffen jeder Art, im Notfall auch Ölen und Fetten nähren, ja manchmal sogar Tange fressen. Dann müßte es also
solches kleine Getier doch in beträchtlichen Mengen an der
Meeresoberfläche geben, wennschon wir selbst nichts davon
sehen. So eröffnen uns die kleinen Vogelmägen einen Ein-
blick in Dinge und Fragen, denen wir weiter werden nach-
gehen müssen, wenn wir das Leben der Hochsee verstehen
wollen.

3. Fliegende Fische und Portugiesische Kriegs-
schiffe.

Weiter und weiter verfolgt unser Schiff seinen Weg. Die
Sonne steht nun höher am Himmel und strahlt glühend auf
das Verdeck nieder. Wir ruhen vorn auf der Back unter dem
Sonnensegel, wo der Luftzug uns einige Kühlung schafft,
und blicken auf die blendende Wasserfläche hinaus. Plötzlich — eine Schar silberglänzender Geschöpfe schießt aus
dem Wasser hervor und gleitet dicht darüber hin, wohl 5o
oder 100 m weit, um dann auf einmal wieder einzufallen und
zu verschwinden. Was ist das? — Fliegende Fische! Wer
je durch tropische Gewässer gefahren ist, hat sie gesehen
und bewundert. Sie gehören so notwendig zur Erinnerung
an Seefahrten in der heißen Zone, wie die Möwen zum Bilde
der Nordsee gehören. Um das Schiff kümmern sie sich nicht;
ihre Flugbahnen haben keine Beziehung zu unserer Fahrt,
es sei denn, daß sie vor dem Bug aus dem Wasser schießen,
aufgescheucht von dem heranbrausenden Schiffskörper. Auch
sie kommen nicht selten an Bord, zumal wenn das Verdeck

niedrig ist, oder sie fahren des Nachts durch ein offenes
Bullauge herein, vielleicht angelockt durch das Licht. So
können wir auch sie in Ruhe untersuchen (Abb. 2).

Es sind dies die einzigen Fische, die man häufig und regelmäßig auf hoher See zu Gesicht bekommt. Während die
Tropen an Vögeln auffallend arm sind, muß es fliegende
Fische in großen Mengen geben, ganz unvergleichlich viel
mehr, als man selbst in reich belebten Gebieten des offenen

Abb. 2. Fliegender Fisch.

Ozeans an Vögeln findet. So geben sie uns schon einen viel
deutlicheren Eindruck von der Belebung der großen Wasser-
wüste als die spärlichen Sturmschwalben.

Reisende Naturforscher sowohl wie Seeleute haben sich
immer gern mit den silberblauen Fliegern beschäftigt. Sie
haben aber ihr Augenmerk fast ausnahmslos nur auf das selt-
same Flugvermögen dieser Wassertiere gerichtet, die ihre
außerordentlich lang und breit gewordenen Flossen wie die
Tragflächen eines Flugzeuges auszubreiten und damit durch
die Luft zu gleiten vermögen. Uns geht diese Angelegenheit
hier nur insofern etwas an, als sie zur Lösung der Frage:

9

Wie ist Leben auf der Hochsee möglich? etwas beizutragen vermag. Und das ist wohl bis zu einem gewissen Grade der Fall. Flugvermögen ist hier Fluchtvermögen. Diese Fische sind imstande, blitzschnell ihren eigentlichen Lebensbereich, das Wasser, zu verlassen, um sich in die Luft zu retten, wenn die großen Räuber aus ihrer eigenen Sippschaft, die dem aufmerksamen Beobachter auch gelegentlich am Schiff zu Gesicht kommen, sie verfolgen. Im übrigen kommen diese Flüchtlinge des Wassers für uns hier nur einfach als Fische in Betracht. Daß Fische im offenen Ozean zu leben vermögen, hat nichts eben Merkwürdiges. Die Frage der Überwindung großer Entfernungen spielt bei ihnen keine Rolle, da sie völlig von jeder Beziehung zum Lande oder dem Boden losgelöst sind. Denn auch ihre Eier setzen sie in der offenen Hochsee ab. Allerdings — wie und wo, darüber ist noch nicht sehr viel bekannt. Die Eier sollen traubige Massen bilden, die an treibenden Gegenständen befestigt werden. So bleibt uns auch hier nur die Frage: Wie ernähren sie sich? Und die Antwort, welche darauf ihre Mägen geben, ist keine andere als bei den Sturmschwalben: Reste kleiner Krebse und Fischchen finden sich darin neben allerlei fremdartigen, schwer erkennbaren Bestandteilen, die auch von Tieren stammen werden.

Vögel und Fische, mögen auch jene ihre Füße zu Flossen, diese gar ihre Flossen zu „Flügeln" umgebildet haben, sind uns immerhin bekannte Gestalten. Die tropische Meeresfläche überrascht uns aber noch mit mancherlei anderen, viel seltsameren Geschöpfen. Wenn wir geduldig längere Zeit auf das Wasser hinabsehen, so kommt uns bald das eine oder andere vor die Augen, was wir wohl für Lebewesen halten müssen, wenn wir auch nicht leicht erkennen können, was für welche es sein mögen. Und manchmal geschieht es, daß große, auffallende Geschöpfe in solcher Menge vorhanden sind, daß zum wenigsten alle paar Minuten eins vor dem Schiffe auftaucht und in den Strudel der Bugwelle hineingerissen wird. Es sind leuchtend blaue, dem Meerwasser ähnlich gefärbte oder violette Gebilde, Blasen, länglich und oben mit einer Art Längskamm von rötlicher Farbe versehen, etwa 10—15 cm lang, welche auf dem Wasser schwimmen. Wir versuchen, sie zu fangen. Läuft das Schiff nicht allzu schnell, ist es nicht allzu hoch und haben wir die beim Aufschlagen einer Pütze Wasser notwendigen Handgriffe etwas gelernt, so mag das wohl gelingen, sofern wenigstens viele von den Tieren da sind. Meist glückt es nur insoweit, daß das Gebilde an dem Eimer hängen bleibt, um dessen Henkel sich lange blaue Fäden geschlungen haben, die an der Unterseite der Blase hingen. Immerhin kommt das wunderliche Wesen an Bord. Wir versuchen das Durcheinander blauer Gallertstränge zu entwirren, fahren aber erschreckt zurück. Wie wenn wir in Nesseln gefaßt hätten, brennen die Hände von der Berührung. Endlich gelingt es, das Meerwunder in einen großen Bottich mit Wasser zu bringen (Abb. 3). Die Blase schwimmt wieder auf der Oberfläche; die langen Fäden ziehen sich zusammen und recken sich aus. Auch die Blase selbst vermag sich zu bewegen. Das ganze Ding muß also wohl ein Tier sein.

Es ist eine sogenannte Blasenqualle, mit einem alten Seemannsnamen wird sie auch „Portugiesisches Kriegsschiff" genannt. Ihr Körper besteht aus jenem umfangreichen Oberteil, der

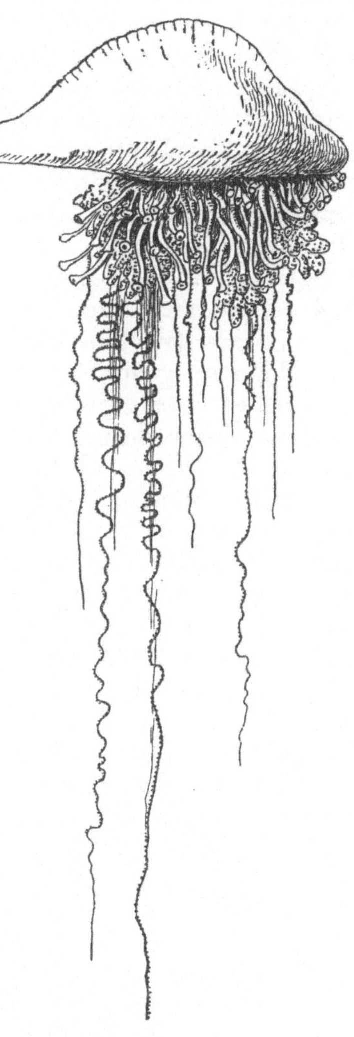

Abb. 3. Blasenqualle.

auf der Oberfläche schwimmt vermöge des Gasgehaltes
seines Innern, und den langen, außerordentlich dehn-
baren Gehängen an der Unterseite. Sehen wir aber genauer
zu, so finden wir zwischen diesen Fäden kleine schlauch-
förmige Gebilde mit einer Öffnung am Ende. Das sind Münder, mit denen das Tier zu fressen vermag. Eine große Anzahl sehr kleiner Münder. Denn eigentlich ist das Ganze überhaupt kein Einzeltier, sondern eine ganze Gruppe von Tieren,
sogar von Tieren recht verschiedener Form, die zusammen
einen „Stock" bilden und so gemeinsam durch das Meer
treiben. Die verschiedenen Tiere dieses Stockes haben die
Arbeiten, welche zum Leben nötig sind, unter sich verteilt.
Da sind sogenannte Freßpolypen, Fortpflanzungskörper,
Fangfäden und die alle diese Einzelwesen zusammenhaltende
und tragende Schwimmblase.

Und wieder taucht bei dem wunderlichen Gebilde die Frage
auf: Wie vermag ein solcher Tierstock den Lebensbedingungen
des offenen Ozeans gerecht zu werden? — Im Gegensatz zu
den zuvor besprochenen Tieren ist er einer selbständigen Bewegung von Ort zu Ort nicht mehr fähig. „Schwimmen" im
eigentlichen Sinne des Wortes kann er nicht; er treibt nur.
Seine Ortsveränderung ist eine rein von außen her bewirkte.
Gäbe es keine Strömungen und Winde, so müßte er bleiben,
wo er ist, gerade als wäre er festgewachsen. Er ließe sich
etwa mit den Wasserlinsen vergleichen, die auf der Oberfläche unserer Teiche lagern und ihre feinen Wurzeln ins
Wasser hinabsenken, ruhend, fast so, als wurzelten sie im
Erdboden. Nun ist es aber offenbar, daß unser Tierstock
da nicht so ruhig an einer Stelle bleiben kann: die Blase,
welche das Ganze trägt, gibt dem Winde eine breite Angriffs-
fläche; sie wirkt wie ein Segel. So wird das Fahrzeug in
Bewegung gesetzt und zieht langsam durch die Fluten, die
blauen Fäden, die viele Meter lang werden können, unter
sich nachschleppend. Ohne Zweifel ist diese Fortbewegung
von irgendwelchem Wert für die Tiere. Es geschieht aber auch
wohl, daß ihnen das steuerlose Segeln zum Schaden wird:
Man findet gelegentlich, z. B. auf den Kapverdischen und
Kanarischen Inseln, die Blasen am Strande zu Hunderten und

Tausenden angetrieben. Im übrigen dürfte ihr Hochseeleben nicht allzusehr gefährdet sein. Insbesondere werden sie von Feinden gar nicht zu leiden haben, denn ihre Fähigkeit, äußerst schmerzhaft zu nesseln, schreckt sicherlich alles von ihrer Berührung zurück.

Wie dies Nesseln zustande kommt? — Die Körperoberfläche der Blasenquallen — übrigens ebenso auch die der gewöhnlichen Quallen der Nord- und Ostsee — ist durchsetzt von sehr kleinen „Nesselkapseln", die in ihrem Innern einen langen, sehr zarten hohlen Faden und eine giftig ätzende Flüssigkeit enthalten. Solche Kapseln sind in ungeheuren Mengen, insbesondere auch auf den lang herabhängenden Fäden in dichtgedrängten Massen, sogenannten Nesselbatterien, vorhanden. Kommt nun irgendein Tier mit ihnen in Berührung, so entladen sie sich alsbald, durchätzen und durchbohren mit ihren Fäden die Haut und vergiften das Tier. Ist diese Vergiftung für uns Menschen nur schmerzhaft, so ist sie für viele Tiere lähmend und damit lebensgefährlich, um so gefährlicher, je kleiner sie sind.

Nun liegt aber die Bedeutung dieser Nesseleinrichtung nicht so sehr in ihrem Wert als Verteidigungsmittel als vielmehr darin, daß sie ein Mittel ist, Beute zu machen. Und indem wir uns dies klarmachen, verstehen wir leicht, daß wir hier eine hochentwickelte zusammengesetzte Ernährungseinrichtung vor uns haben. Wie von einem Segelboot ein Fischnetz gezogen wird, so zieht hier die windgetriebene Blase einen Vorhang von langen Fäden durch das Wasser. Alles, was in dieses Fadengehänge hineingerät, wird nicht nur festgehalten, sondern sogleich getötet. Da die Fäden aber nicht nur Fäden, sondern zugleich lebendige Gebilde sind, die sich lang auszustrecken und eng zusammenzuziehen, auch sich aufzuknäueln vermögen, so bringen sie leicht die Nahrung an die Hunderte von Mündern, welche sie dann zum allgemeinen Besten verzehren.

Was ist nun hier die Nahrung? — Wir werden sie mit bloßem Auge selten erkennen. Es muß, worauf auch die Kleinheit der Mundöffnungen hindeutet, unscheinbares kleines Getier sein, das da gefangen wird. Und dies muß überall

durch das Wasser zerstreut vorkommen. Denn danach zu
jagen, wie Vögel und Fische, vermögen diese Nesseltiergenossenschaften ja nicht. Da haben wir also einen Hinweis auf
etwas sehr Wichtiges: offenbar ist das Wasser von kleinem,
uns zunächst unsichtbarem Getier — es könnten auch Pflanzen sein — überall durchsetzt. Wenn unsere Fischer Fische
fangen, so *wählen* sie ihre Plätze; sie arbeiten da, wo sie
nach ihrer Erfahrung dichtere Zusammenscharungen der
Fische erwarten können. Auch Vögel und Fische können
wählen. Hier ist so etwas nicht möglich. Es muß also überall,
wo Blasenquallen leben, mehr oder weniger Nahrung durch
das Wasser verstreut sein. Es muß überall Lebewesen von
kleinen und kleinsten Maßen geben, überall, soweit diese
Wassermassen von so ungeheurer Ausdehnung sich erstrecken.

4. Wir fangen Plankton.

Wir sind also nun auf der Suche nach kleinen Tieren oder
Pflanzen, von denen die großen sich nähren. Wir sehen sie
nicht, aber sie müssen da sein. Sturmschwalben, fliegende
Fische und Blasenquallen, oder was wir sonst an der Meeresoberfläche leben sehen, sind uns ein zwingender Beweis,
daß sie da sein müssen. Wir wollen versuchen, sie zu fangen.
Wie machen wir das? — Ein feines Netz durch das Wasser
zu ziehen, wird beim fahrenden großen Überseeschiff schlecht
möglich sein; es würde zerreißen oder abreißen. Ein paar
Eimer Wasser an Bord zu nehmen, wird nicht genügen.
Vielleicht fänden wir darin das eine oder andere, aber im
ganzen sind die Tierchen so dicht denn doch nicht gesät.
Aber es werden ja täglich große Mengen Wasser an Bord
gepumpt, wenn morgens das Deck „gespült" wird. Durch
die dicken Schläuche muß ja allerhand mit heraufkommen.
Um nun wirklich Erfolg zu haben, werden wir folgendermaßen verfahren. Wir nehmen ein trichterförmiges Netz
(Abb. 4) aus „Müllergaze", d. h. einer sehr feinen, aus Seidenfäden gewebten Gaze, wie sie die Müller zum Sieben von
Mehl benutzen. Das Netz ist unten durch einen kleinen

„Eimer" abgeschlossen, dessen Boden wieder durch ein Gaze-
läppchen gebildet wird. Haben wir nun eine tüchtige Menge
Wasser da hindurchfließen lassen, so schrauben wir den
Eimer ab und spülen seinen Inhalt in ein Glasgefäß oder
bringen ihn auch gleich in einem Schäl-
chen unter ein Mikroskop. Da ist dann schon
allerlei zu sehen. Allerdings — die Methode
ist roh, vieles wird dabei zerstört, und die
Wassermengen, die so untersucht werden
können, sind immerhin nicht sehr bedeu-
tend. Man wird wesentlich mehr fangen,
wenn man Gelegenheit hat, auf dem offenen Ozean vom Boote aus ein solches feines
Seidennetz längere Zeit durch das Wasser
zu ziehen, oder wenn man bei gestopptem
Schiff ein großes Netz, etwa von einem
Meter im Durchmesser, auf 5o oder 1oo m
Tiefe hinabläßt und es langsam wieder her-
aufzieht (Abb. 5).

Wo soll ich nun anfangen, zu schildern,
was es da zu sehen gibt? Es ist eine
Welt von Wunderwesen! Es schwebt und
schwimmt, es schießt und strudelt, es wir-
belt und hüpft und schwirrt in dem Wasser
umher. Viel Studieren ist nötig, ehe man
einigermaßen in dem Wirrsal zarter Lebewesen Bescheid weiß. Wir werden das hier
schwerlich erreichen.

Zunächst wollen wir der Sache einmal
einen Namen geben. Was wir da vor uns
haben, heißt „Plankton". Ins Deutsche
übersetzt, bedeutet dies Wort „Treibendes"
oder „Umhergetriebenes". Es ist durch
den Sinn seines Namens unterschieden

Abb. 4. Kleines Plank-
tonnetz. Länge des
Beutels etwa 50 cm.

von dem, was an den festen Boden gebunden ist, aber
auch von dem, was „schwimmt" wie die Fische. Man
wird im allgemeinen die Fische nicht als treibend bezeichnen, da ihre selbständige Bewegung von Ort zu Ort zumeist

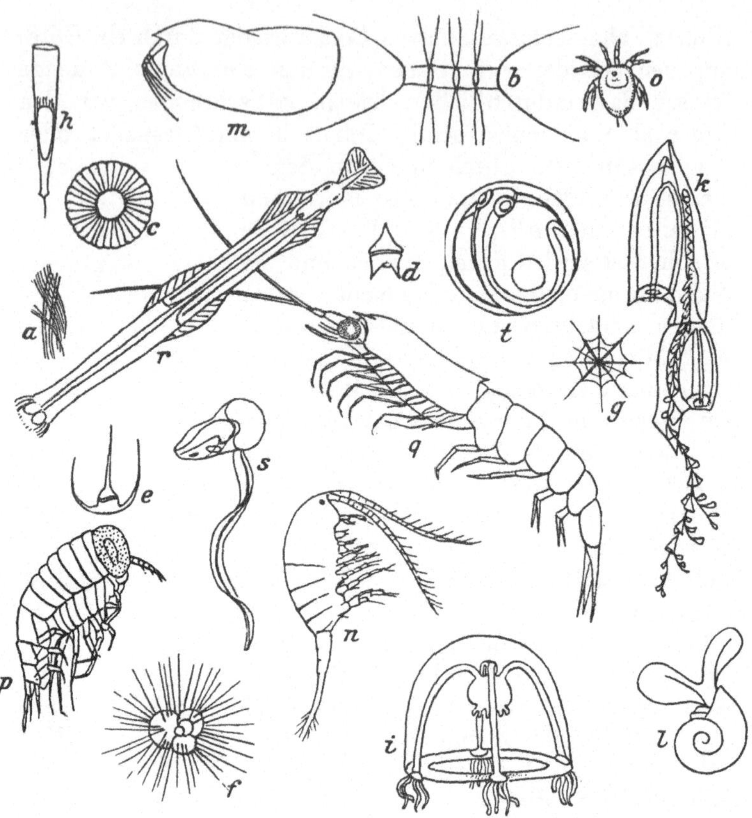

Abb. 5. Hauptformen des mit dem Netz fangbaren Planktons. *a—e* einzellige Pflanzen, *f—h* einzellige Tiere, *i* Qualle, *k* Röhrenqualle, *l* Flügelschnecke, *m* Muschelkrebs, *n* Copepode (niederer Krebs), *o* Copepoden-
larve, *p* und *q* höhere Krebse, *r* Pfeilwurm, *s* Appendicularie (Manteltier),
t Ei eines Fischs.

die Strömungen im Wasser überwindet, da sie aus eigener
Kraft ihren Platz wählen und verändern. Eine scharfe Grenze
ist da natürlich nicht zu ziehen. Jungfische von wenigen
Zentimetern Länge dürften noch in hohem Grade willenlos
von der Strömung fortgetragen werden. Viele Eier der Fische
aber, die nicht auf den Boden abgelegt werden und sich dort
entwickeln, sind echt „planktonisch".

Nun bemerken wir ja allerdings auf den ersten Blick, daß

16

unsere Tierchen da auch schwimmen können, und zwar auf sehr mannigfaltige Weise, manche geschwind wie ein Fisch. Daß aber dies Schwimmen nicht die gleiche Bedeutung für ihr Leben haben kann wie bei einem Fisch, ist unverkennbar. Teils liegt es an ihrer geringen Körpergröße, die zur Folge hat, daß ihre Ortsbewegung keine *wesentliche* Ortsveränderung bewirken kann. Sie können einem Fisch, der nach ihnen schnappt, durch ihre Kreuz- und Quersprünge wohl ausweichen, aber sie können ihm nicht eigentlich entfliehen. Zu dem geringen Ausmaß ihrer Bewegungen kommt noch ein Zweites, für das Plankton Bezeichnendes: ihre Bewegung ist meist sehr wenig geregelt, ist im allgemeinen wenig bestimmt gerichtet. Nur das Aufwärtssteigen scheint vielfach mit einer gewissen Regelmäßigkeit vonstatten zu gehen. Schließlich gibt es aber dann auch welche, die sich kaum merklich oder überhaupt nicht bewegen, die nur regungslos im Wasser schweben, die Plankton vollkommenster Art sind.

Das Vorwiegen des Schwebevermögens über die Fähigkeit zur Ortsbewegung ist eigentlich das, was das Plankton am besten kennzeichnet. Auch die fliegenden Fische schweben ja im Wasser, aber das Ausschlaggebende für ihre ganze Lebensführung ist das Schwimmen und „Fliegen“. Die Gemeinsamkeit des Schwebevermögens als Grundlage der Lebensweise ist es, was einer so außerordentlichen Mannigfaltigkeit von Lebewesen das Dasein in der grenzenlosen Wassermasse ermöglicht, was ihr die Vorherrschaft im Ozean verschafft. Denn weder der Formenzahl nach noch nach der Anzahl der Einzelwesen können sich die schwimmenden größeren Tiere auch nur im entferntesten mit den kleinen schwebenden messen. So verdient diese vielfältige Entwicklung der Kunst des Schwebens unsere ganz besondere Beachtung als eine der am meisten ozeanischen Eigentümlichkeiten des Lebens im Weltmeer.

Wir bemerken in unserm Glase ein kleines, glockenförmiges, wasserhelles Tierchen, offenbar eine Qualle (Abb. 5i), die von Zeit zu Zeit ein paar pulsierende Bewegungen ausführt, dann aber wieder ausruht und regungslos schwebt. Wenn sie sinken würde, möchte sie sich wohl durch ein paar

Schläge der Glocke wieder heben können. Aber ein Sinken
ist garnicht zu bemerken. Warum doch wohl nicht? Offenbar ist das Gewicht dieses Tieres nicht irgendwie wesentlich
von dem des Wassers verschieden. Wäre es schwerer, so
müßte es sinken, wäre es leichter, so müßte es steigen und
wie die Blasenqualle an der Oberfläche treiben. Es hat augenscheinlich ziemlich genau dasselbe spezifische Gewicht wie
das Wasser. Und das ist leicht verständlich, denn dieser Körper besteht zum allergrößten Teil selbst aus Wasser. Nehmen
wir das Tier heraus, so ist es ein glasheller Gallertklumpen.
Legen wir ihn auf einer Glasplatte in die Sonne, so trocknet
er zu einem kaum noch wahrnehmbaren Häutchen zusammen. Selbst wenn wir eine der großen Quallen der deutschen
Küsten, ein Tier von etwa 10—15 cm Durchmesser, auf einem
Papierblatt eintrocknen lassen, so sieht der Rest nur aus, als
wäre eine Qualle mit dem Pinsel auf das Papier gemalt. In
der Tat hat man festgestellt, daß Quallen zu mehr als $^{19}/_{20}$
ihrer Körpermasse aus Wasser bestehen.

Solche gallertigen, äußerst wasserhaltigen Tiere gibt es
nun noch eine ganze Anzahl. Es sind gar manche darunter,
deren durchsichtigen Körper man leicht ganz übersehen
würde, wenn nicht irgendein dunklerer Teil darin die Aufmerksamkeit auf sich zöge. Würmer z. B. gibt es, die fast
unsichtbar sind, die aber durch zwei schwarze Augen auf-
fallen, auch durch ein feines, regenbogenfarbiges Schimmern,
das im Sonnenlicht über ihren Körper gleitet. Gewisse Ku-
geln und Schnüre von Gallertmasse sind Kolonien mikroskopisch kleiner Tiere, die man nur als schwache Punkte
erkennt. Auch die Verwandten der Blasenqualle, die dauernd
ganz unter Wasser leben, bestehen größtenteils aus gallerti-
ger Masse. Sie bilden oft außerordentlich schöne, zierliche,
glashelle Tierstöcke, die an Blumengewinde erinnern, doch
lebhaft beweglich sind.

Bei ihnen ist nun aber gewöhnlich noch ein besonderes
Mittel zur Erleichterung, zur Ermöglichung des Schwebens
vorhanden, nämlich ein Luftbehälter, dessen Gasgehalt von
der Innenwand ausgeschieden und bis zu einem gewissen
Grade von dem Tier geregelt wird. Auch die jungen Larven

der Blasenquallen, die aus ihren Eiern unter Wasser entstehen, haben zunächst nur ein ganz kleines Bläschen, das im Laufe der Entwicklung größer und größer wird und den ganzen Tierstock schließlich so leicht macht, daß er an die Oberfläche emporsteigen muß, die er dann nicht mehr verlassen kann. Eine von ihren Verwandten, eine der gewöhnlichsten Planktonformen (Abb. 5 k), hat zwei Schwimmglokken, mit denen sie wie eine Qualle schwimmt, und zwischen ihnen hervorragend eine dünne Röhre, an der Einzeltiere sitzen, Freßpolypen, Geschlechtstiere, Fangfäden, ganz ähnlich wie an der Unterseite der Blasenqualle. Bei ihr wird aber das Schwebevermögen nicht durch eine Luftblase, sondern durch ein Ölkügelchen gewährleistet, das am oberen Ende der Röhre ausgeschieden wird. Öl ist ja leichter als Wasser, und so vermag es ähnliche Dienste zu leisten wie ein Luftbläschen. In der Tat kommen Öltröpfchen öfter bei Planktontieren vor, recht auffallend z. B. auch bei den treibenden Fischeiern, die durch ihre Dottermasse verhältnismäßig schwer sind und daher eines solchen Trägers bedürfen (Abb. 5 t).

Die häufigsten Tiere einer solchen ozeanischen Planktongemeinschaft sind in allen Fällen gewisse kleine Krebse, sogenannte Copepoden (Abb. 6 und 5 n). Sie haben einen meist länglich eiförmigen Leib mit 5 Paaren von Schwimmbeinen an der Unterseite und einen mehrgliedrigen, am Ende gegabelten Schwanz. Sehr auffallend sind gewöhnlich ein paar lange „Antennen", die vom Kopf ausgehend sich wagerecht nach rechts und links in das Wasser hinausrecken. Sie sind meist mehr oder weniger mit zarten Borsten besetzt, wie auch die Schwanzgabel solche trägt. Betrachten wir diese Krebschen in bezug auf ihr Schwebevermögen, so gewinnen wir den Eindruck, daß sie, nahezu senkrecht hängend, gleichsam von ihren Antennen getragen werden. Immerhin sinken sie allmählich, und es bedarf einiger Schwimmschläge mit den Ruderbeinen, um sie wieder emporzuheben. Dabei ist nun die Bedeutung der langen und zarten Fortsätze am Körper, der Antennen und Borsten, für das Schweben unverkennbar. Zumal wenn die Borsten fächer- oder fiederförmig an-

geordnet sind, müssen sie sehr wirksam sein. Können sie
schon nicht das Übergewicht der Tiere verringern, so er-
schweren sie doch das Sinken sehr. Das Wasser besitzt ja
eine gewisse Zähigkeit, und durch einen sinkenden Körper
müssen daher die Wasserteilchen auseinandergedrängt werden. Das Sinken wird um so schneller geschehen, je schwerer
(im Verhältnis zu seiner Größe, d. h. je spezifisch schwerer)
er ist. Es wird aber um so langsamer geschehen, je zahlreicher die Punkte sind, an denen das Auseinanderdrängen
der kleinsten Wasserteilchen stattfinden muß, je mehr Ober-

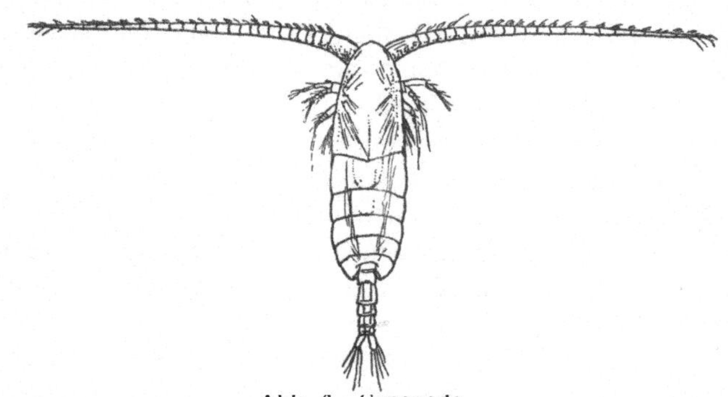

Abb. 6. Copepode.

fläche, je mehr stab- und blattförmige Teile, je mehr Fortsätze der Körper hat. Jedes kleine Härchen muß beim Sinken
die Wassermasse spalten, an jedem von ihnen muß das Gewicht des Körpers Arbeit leisten. So hindern sie alle zusammen, wenn recht viele von ihnen vorhanden sind, in hohem
Grade das Sinken.

Das wäre dann eine dritte Weise, wie die Aufgabe des
Schwebens gelöst wird. Und auch diese kommt vielfach, ja
sie vielleicht am allermeisten zur Verwertung. Es gibt eine
Menge Tiere, zumal Krebstierchen und Würmer, bei denen
lange Borsten das Hauptmittel zum Schweben sind. Aber auch
bei niedersten Pflanzen, auf die wir später noch werden zu
sprechen kommen müssen, ist dasselbe sehr gebräuchlich.

Ich sagte: „Ein Mittel zum Schweben", als würde mit diesem „Mittel" ein „Zweck" verfolgt, als würde es wie ein

Werkzeug benutzt. Ich sprach von der „Aufgabe" des Schwebens, die zu lösen wäre. Es wird ein Gebot der Sorgfalt im Denken sein, daß wir ein wenig vorsichtig mit unsern Ausdrücken sind, um nicht unwillkürlich falsche, allzu menschliche Vorstellungen in die Gegenstände unserer Untersuchung hineinzutragen. Wir müssen im Bewußtsein behalten, daß wir mit dem Besprochenen nur rein physikalisch verstanden haben, warum diese Körper im Wasser schweben und nicht untersinken. Wir wollen die Dinge nehmen, wie sie uns gegeben sind, und zu ihrer Erklärung nur ganz sichere Wege begehen. Gegenstände wie der, von dem wir gegenwärtig sprechen, verlocken gar zu leicht in Fragen hinein, die zu dem Problem der „Zweckmäßigkeit" im Körperbau der Lebewesen hinüberleiten, d. h. in eins der schwierigsten, dunkelsten und verworrensten Gebiete der Naturwissenschaft, das zu betreten wir glücklicherweise hier nicht nötig haben.

Wunderbar mannigfaltig sind die Weisen, wie das Sinken verhindert und damit das planktonische Dasein ermöglicht wird, und doch beherrscht bei ihnen allen im Grunde die gleiche Gesetzmäßigkeit den ganzen Vorgang. Es sind immer dieselben Eigenschaften des Wassers, nämlich sein spezifisches Gewicht und seine Zähigkeit oder innere Reibung (d. h. die Reibung seiner eigenen kleinsten Teilchen aneinander), von denen seine Tragfähigkeit abhängt. Und es sind immer dieselben Eigenschaften der Lebewesen, welche ihr Sinken und Nichtsinken regeln. Erstens ihr spezifisches Gewicht, das sich zusammensetzen kann aus dem der eigentlichen Körpermasse, dem des Wassers im Körper und dem ausgeschiedener gasförmiger oder flüssiger Stoffe, die leichter als Wasser sind. Zweitens die Ausbreitung ihrer Oberfläche durch Fortsätze usw., an denen eine Reibung der Wasserteilchen stattfinden muß. Drittens der Arbeitsaufwand, mit dem das Tier dem Sinken entgegenwirkende Kräfte oder Stoffe hervorzubringen vermag. Bei den meisten Tieren wirken alle drei Eigenschaftsgruppen zusammen. Die Bedeutung aber, welche die eine oder andere Seite der Sache gewinnt, ist bei den einzelnen Arten sehr verschieden. Das Gesamtergebnis jedoch ist immer das gleiche: das Schweben.

5. Wir zählen die Tiere im Meer.

Unser Gedanke der uns darauf führte, Plankton zu fischen, war der, daß für die großen Tiere, welche wir an der Meeresoberfläche beobachten konnten, Nahrung vorhanden sein müsse, kleinere Tiere, deren Reste wir ja auch in den Mägen der Vögel und Fische vorfanden. Nun drängt sich natürlich die neue Frage — eigentlich noch dieselbe — wieder auf: Wovon leben diese Kleinen? Ja, wir werden so schrittweise weitergehen müssen, bis wir wissen, wo die letzten ursprünglichen Nahrungsquellen für das Leben im offenen Ozean eigentlich liegen. Dann erst werden wir in dieser Beziehung festen Boden unter den Füßen haben.

Doch wir wollen hier zunächst einmal eine Zwischenfrage stellen. Wir waren ausgegangen von der Vorstellung, die sich zuerst so mächtig dem Seefahrer aufdrängt: Der Ozean ist eine Wüste. Daß diese Vorstellung nicht ganz richtig war, erkennen wir bereits deutlich. Wir haben da ja schließlich in einem Glase zusammen eine ganze Menge von Tieren mitten aus dem Ozean gefischt. Aber allerdings mußte doch eine beträchtliche Menge Wasser durch unser Netz gehen, damit wir dieses Plankton zusammenbringen konnten. Wie groß war wohl diese Wassermasse? Und wie groß ist überhaupt die Zahl der Tiere, die eine bestimmte Menge Meerwasser bewohnt? Es wäre doch recht nützlich, wenn wir Zahlen dafür angeben könnten, denn einstweilen schwanken unsere Vorstellungen über Reichtum oder Armut des Meeres an Lebewesen noch recht im Unbestimmten.

Nehmen wir als Maß einmal eine Tonne, d. h. 1000 Liter oder einen Kubikmeter Wasser. Das Plankton, welches wir mit der feinsten Müllergaze fischen — sie hat etwa 6000 Maschen auf jedem Quadratzentimeter ihrer Fläche! —, ist in einer solchen Wassermasse im allgemeinen zahlreich genug, daß man sich mit Hilfe davon einen Begriff machen kann von der Menge Leben, das an irgendeiner Stelle im Meer gedeiht. Die praktische Ausführung der Aufgabe würde sich etwa folgendermaßen gestalten können. Wir nehmen ein Faß, das bis zu einer bestimmten Marke 200 Liter Wasser faßt.

Darüber hängen wir das Netz auf, schöpfen Wasser und gießen so viel durch das Netz, daß das Faß bis zur Marke gefüllt ist. Jetzt haben wir den Tiergehalt des fünften Teils einer Tonne im Eimerchen unten am Netz. Sorgfältig wird alles herausgenommen, damit nichts verloren geht, und auf eine Glasplatte gebracht, deren Oberfläche durch eingeritzte Linien in Streifen geteilt ist. Man kann dann Streifen für Streifen den Fang durchzählen und danach leicht die Planktonmenge für 1 Kubikmeter Wasser berechnen. Ich will sogleich ein paar Durchschnittswerte aus derartigen Zählungen angeben, bei deren Gewinnung das Verfahren allerdings ein anderes, sorgfältigeres, und darum weniger mit Fehlern behaftetes, allerdings auch ein viel umständlicheres war.

Wenn man so einen Fang unter dem Mikroskop betrachtet, sieht man auf den ersten Blick, daß eine Gruppe von Tieren bei weitem alle andern überwiegt, nämlich die Copepoden. Der Größe, der Gestalt nach sind sie außerordentlich verschieden. Es gibt schlanke und es gibt gedrungene Formen, manche haben riesenlange, andere nur kurze Antennen, manche einen schlanken, andere einen kurzen Schwanz, und der Borstenbesatz an diesen Körperteilen ist ein sehr verschiedener. Einige, die in den tropischen Gewässern regelmäßig vorkommen, tragen auf der Stirn ein paar riesengroße Augen. Neben den Copepoden treten kleine, etwa eiförmige Tierchen mit drei Beinpaaren besonders hervor (Abb. 5 o). Das sind ihre Larven, jugendliche Copepoden also, die das Vorherrschen dieser Tiergruppe noch beträchtlich verstärken.

Es leben nämlich an der Oberfläche des tropischen Atlantischen Ozeans in einer Tonne Wasser durchschnittlich etwa 424 Copepoden und von ihren Larven etwa 304. Andere „vielzellige‟ Tiere gibt es daneben nur sehr wenige, etwa 100. Also im ganzen an vielzelligen Tieren etwa 828, d. h. nicht ganz eins in einem Liter Wasser. Damit ist das, was das Netz fängt, nicht völlig erschöpft. Es kommen noch „einzellige‟ (nur aus einer Zelle bestehende) Tiere (Abb. 5 f—h) und Pflanzen (Abb. 5 a—e) hinzu. Sie sind — ich denke immer an das Plankton eines warmen Meeres! — der Zahl nach gering, ihrer Körpermasse nach ganz verschwindend gegen jene höheren Tiere. Auch treten bei ihrer Zählung Schwierigkeiten auf, die ich später noch besprechen will, und die uns nicht gestatten, auf dem angegebenen Wege befriedigende Zahlenwerte für sie zu gewinnen. Wir wollen sie daher einstweilen vernachlässigen und uns auf jene bestimmten und gesicherten Zahlen der vielzelligen oder „Gewebstiere" beschränken, welche bei weitem die Hauptmasse des mit dem Netz fangbaren Planktons im offenen tropischen Ozean ausmachen.

Mehr als 800 vielzellige Tiere in einem Kubikmeter Wasser, das ist schon eine recht beträchtliche Zahl. Und man kann sich etwas dabei vorstellen. Man kann sich etwa denken, daß in jedem Liter, jedem Kubikdezimeter, im allgemeinen ein Tier sitzt, jedoch jedes fünfte Liter leer ist. Nun ist ein Kubikmeter Wasser, wenn man so an Deck stehend auf die grenzenlose Wasserfläche hinausblickt — ein Nichts. Berechnen wir daher einmal die Zahl für eine Wassermasse von 1 qkm Oberfläche und 10 m Tiefe. Es ergibt sich:

$$828 \times 1000 \times 1000 \times 10 = 8\,280\,000\,000,$$

d. h. mehr als acht Milliarden. Dabei kann man sich nun schon nichts mehr vorstellen. Und doch entspricht diese Wassermasse erst der eines großen Teiches oder eines kleinen Sees. Sie ist ein Nichts gegen ein Meer, einen Ozean. Das Weltmeer erscheint uns nach dem allen keineswegs mehr arm an Tieren. Und doch werden wir sehen, daß Zahlen dieser Art noch keineswegs den richtigen Eindruck von seinem Reichtum geben.

6. Wie man Pflanzen in der Hochsee findet.

Wollen wir uns nun weiter mit der Frage der letzten Nahrungsquellen im Meere beschäftigen, auf die uns unsere früheren Betrachtungen hingeleitet hatten, so wird es von Nutzen sein, wenn wir uns zunächst einmal daran erinnern, wie überhaupt die Ernährung der lebenden Wesen auf der Erde zustande kommt. Das Leben aller Tiere setzt bekanntlich in letzter Linie immer Pflanzen voraus, mögen sie nun unmittelbar lebende Pflanzen fressen, mögen sie sich von andern Tieren nähren, die ihrerseits auf Pflanzenstoffe angewiesen sind, oder mögen ihnen, was häufiger geschieht, als man gewöhnlich denkt, die abgestorbenen Reste von Tieren und Pflanzen zur Nahrung dienen. Kein Tierleben ist ohne Pflanzenleben möglich. Die Pflanzen allein sind imstande, die leblosen Stoffe, die einfachen chemischen Verbindungen, welche in Erde, Wasser und Luft ihren Körper umgeben, als Nährstoffe zu verwenden. Daher müssen wir also zunächst fragen: Wie steht es mit dem Pflanzenleben im offenen Ozean?

Auf der festen Erde überwiegen die Massen der Pflanzenkörper bei weitem diejenigen der Tierkörper. So ist dort der ganze Vorgang des Lebensaufbaus leicht verständlich. Unser Planktonfang aber zeigt zunächst das Gegenteil. Es sind sehr viele und verhältnismäßig große Tiere vorhanden, dagegen nur ziemlich wenig Pflanzen. Diese Pflanzen sind sehr klein und bestehen aus nur einer einzigen Zelle, während ja doch ein einziges Blatt einer Landpflanze Tausende von Zellen enthält. Irgendwie als Nährmaterial ins Gewicht fallen können sie nicht. Und doch müßten ja große Mengen von Pflanzenmaterial vorhanden sein! Warum haben wir davon fast nichts gefunden?

Um das zu erfahren, können wir zunächst einmal wieder unsern alten Weg gehen und den Mageninhalt z. B. von einem der zahlreichen Copepoden untersuchen. Aufschneiden kann man allerdings einen solchen Magen nicht, dazu ist er zu klein. Man muß ihn mit ein paar Nadeln zerzupfen, oder muß aus dem Darm den Inhalt herauspressen, um die Nahrungsreste darin zu finden. Besser sind zu solcher Untersuchung etwa die sogenannten Salpen geeignet, denn viele von ihnen sind so groß, daß man sie von Bord des Schiffes aus deutlich erkennen kann, wenn sie dicht an der Oberfläche schwimmen. Sie haben am Hinterende ihres glasklaren, tonnenförmigen Körpers einen oft rot gefärbten Eingeweideknäuel, der im vorigen Jahrhundert eine Zeitlang als Fundgrube kleiner, schwer zu fangender Planktonwesen berühmt

war. Da machen wir nun eine Beobachtung, die das Fehlen
der Pflanzen in unserm Planktonfang sofort verständlich
werden läßt: diese Mägen und Därme sind mit allerhand
Nahrungskörpern erfüllt, aber die sind im allgemeinen wesentlich kleiner als das, was unser Netz gefangen hat. So klein
die Maschen dieses feinen Seidennetzes sind, diese Körperchen sind doch hindurchgegangen.

Also müßten wir noch feinere Netze benutzen. Aber die
gibt es nicht! Gewisse Planktontiere (die Appendicularien,
Abb. 5 s) bauen in der Tat feinere Netze, mit denen sie ihre
Nahrung fangen wie ein Fischer seine Fische, und die Untersuchung dieser wunder-
bar zierlichen Fang-
geräte zeigt aufs deut-
lichste, daß unsere fein-
sten Netze viel zu grob
sind. Wie weit unsere

a   *b*

Abb. 7. *a* Fangnetz einer Appendicularie, *b* ein Stück feinster Müllergaze,
beides bei gleicher (75 facher) Vergrößerung gezeichnet.

Technik da hinter der Natur zurückbleibt, sieht man leicht,
wenn man jene feinsten Menschennetze und die Netze der
Appendicularien bei gleicher Vergrößerung des Mikroskops
betrachtet (Abb. 7).

Wie gewinnt man nun diese Zwerge des Planktons? Auf
einem ganz andern Wege als bisher! Die meisten Planktonwesen sind ja, auch wenn sie gutes Schwebevermögen besitzen,
ein wenig schwerer als Wasser, sie sinken daher auch nach
dem Tode zu Boden. Wir könnten sie also durch ein Gift
töten und in einem Glaszylinder zu Boden sinken lassen, dann
das Wasser abhebern und den Bodensatz untersuchen. Auf

solche Weise sind in der Tat die oben angeführten Zahlen für die vielzelligen Tiere gewonnen worden. Bei den ganz kleinen Einzelzellern geht dies Absinken nun außerordentlich langsam. Aber es gibt Mittel, es zu beschleunigen. Dazu dient die Schleuderkraft einer Zentrifuge.

Es ist ja bekannt, daß, wenn man einen Eimer Wasser im Kreise durch die Luft schwingt, trotz der seitlichen Lage des Eimers doch kein Tropfen Wasser herausfließen kann, weil das Wasser durch die sogenannte Zentrifugalkraft gegen den Boden des Eimers gedrückt wird. Schweben nun in einer solchen im Kreise geschwungenen Wassermasse Bestandteile, welche um eine Kleinigkeit schwerer sind als das Wasser selbst, so wirkt die gegen den Boden treibende Kraft auf sie stärker als auf das Wasser ein. Sie sammeln sich also am Boden an. Diese Erfahrung benutzen wir für unsern Zweck. Wir setzen in kleinen Gefäßen Proben des Meerwassers in schnelle kreisende Bewegung. Gläschen von nur 30 ccm Inhalt werden in einer Zen-

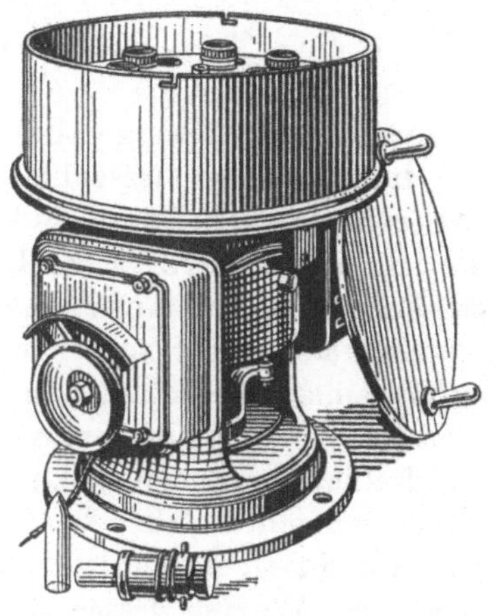

Abb. 8. Elektrische Zentrifuge. Vorn eine der 6 Metallhülsen, herausgenommen, darin ein Zentrifugenglas steckend; ein anderes danebenstehend.

trifuge aufgehängt, die wir etwa 10 Minuten lang mit großer Geschwindigkeit laufen lassen (Abb. 8). Danach findet sich in dem Bodensatz der unten zugespitzten Gläser das, was wir suchen. Es wird in vorsichtiger Weise herausgenommen und unter das Mikroskop gebracht. Allerdings ist es nur wenig. Im reinen blauen Wasser der tropischen Hochsee genügt ein einziges Glas von 30 ccm Inhalt nicht für unsern Zweck, doch findet man in etwa 200 ccm Wasser (soviel etwa können wir auf einmal zentrifugieren) bei Verwendung einer elektrischen Zentrifuge mit etwa 3ooo Umdrehungen in der Minute immer eine gute Anzahl von Tieren und hauptsächlich Pflanzen.

Auf die Pflanzen kam es uns an. Und mit ihnen sind wir an einem natürlichen Ziel unseres Gedankenganges angelangt. Wir haben, indem wir uns leiten ließen von der Frage der Ernährung auf dem Ozean, schließlich die Lebewesen mit ursprünglicher Ernährung gefunden. Die unterste Grenze des Lebens liegt vor uns.

7. Die Zwerge unter den Pflanzen.

In ein Land der Zwerge sind wir eingetreten, und in diesem Lande herrschen wesentlich andere Gesetze als bei den Großen unter den Pflanzen und Tieren. Es ist hier zunächst Sitte, daß man sich für seine Lebensführung mit einer einzigen Zelle begnügt. Ausnahmen von dieser Regel gibt es wohl, aber sie sind sehr selten. Die Einzelligen haben gewöhnlich eine Überzahl, die ins Mehrtausendfache geht. So können wir hier umgekehrt verfahren wie früher, können die Vielzelligen einstweilen ganz vernachlässigen. Die Größe dieser schwebenden Zellen bewegt sich gewöhnlich etwa zwischen ein und zwei Hundertsteln eines Millimeters. Wir können also in einen Würfel, dessen Seitenlänge 1 mm beträgt, etwa eine halbe Million von ihnen hineinpacken. Ihre Gestalt ist recht oft kugelig oder nahezu kugelig, also im ganzen viel einfacher als bei den Tieren des Netzplanktons, aber sie können trotzdem sehr zierlich ausgestaltet sein.

Besonders beachtenswert ist uns ja nun, welche Rolle unter ihnen die Tiere, welche die Pflanzen spielen. Die Frage ist nicht ganz leicht zu beantworten. Wir müßten dazu erst einmal bestimmen, was denn eigentlich ein Tier und was eine Pflanze ist. Hier befinden wir uns nämlich unter den Wesen, bei denen die Grenze schwankt und schwindet. Da gibt es z. B. welche, die denselben grünen Farbstoff wie Blätter enthalten, auch sich ganz ebenso wie Blätter ernähren, sich aber mittels eines feinen schwingenden Fädchens durchs Wasser bewegen und wohl gar ein kleines rotes „Auge" haben, als wären sie Tiere. Die große Mehrzahl von allem, was wir da unter dem Mikroskop haben, sind solche Grenzwesen. Sie machen unsere Frage schwierig. Aber wir können sie uns vereinfachen. Wir brauchen ja nur zu wissen, welche sich pflanzlich *ernähren* und welche tierisch. Woran erkennen wir das?

Die Ernährungsorgane der Landpflanzen sind bekanntlich einerseits die Wurzel, andererseits das Blatt. Im Bereich der Wurzel dringt nährstoffhaltiges Wasser in den Pflanzenkörper ein. Das kann ja natürlich auch leicht bei der einzelnen Zelle, die mitten im Wasser schwebt, geschehen. Das Blatt aber entnimmt der Luft gasförmige Stoffe. Dazu bedarf es des „Blattgrüns" (Chlorophylls), das in Gestalt kleiner Körnchen durch die Zellen seines Körpers verteilt ist. Diese Blattgrünkörnchen sind also das Wesentliche am Blatt, insofern es Ernährungsorgan ist. Ohne sie kann die Ernährung nicht stattfinden. Und diese Eigentümlichkeit ist allen sich selbständig ernährenden Pflanzen gemeinsam, auch denen des Meeres. Auch bei diesen enthält jede Zelle ein paar solche kleinen Körnchen oder wenigstens eins, woran man sie als Pflanze oder wenigstens als Wesen mit pflanzlicher Ernährung erkennt. Allerdings sind diese Körnchen in der großen Mehrzahl der Fälle hier nicht grün, sondern von goldgelber bis brauner Farbe.

Pflanzen in diesem Sinne des Wortes, teils unbewegliche, teils bewegliche, sind nun in unserm „Zwergplankton" meist in überwiegender Menge vorhanden. Allerdings in vielen Fällen nicht so stark überwiegend, wie wir eigentlich erwarten sollten. Hier ist noch irgendwie eine Lücke in unserm Wissen, über deren Ausfüllbarkeit wir nur Vermutungen haben. Vermutungen aber wollen wir hier, solange es irgend geht, unberücksichtigt lassen, um so lange wie möglich das Gebiet gesicherten Wissens nicht zu verlassen.

Sehen wir uns nun einmal genauer an, was wir da im Raum eines einzigen Wassertropfens vereinigt unter dem Mikroskop zusammengebracht haben. Wir geraten da sogleich in dieselbe Verlegenheit wie früher beim Netzplankton. Hier krabbelt und zappelt es zwar nicht wie dort durcheinander, sondern liegt im ganzen ziemlich still in dem engen Raum. Aber zu sagen, was da alles liegt, ist fast noch schwerer als dort. Ich will hier auch nicht viel auf das einzelne eingehen, sondern nur etwas von den größten Gruppen dieser Lebewesen im allgemeinen berichten, die nach vieler mühsamer

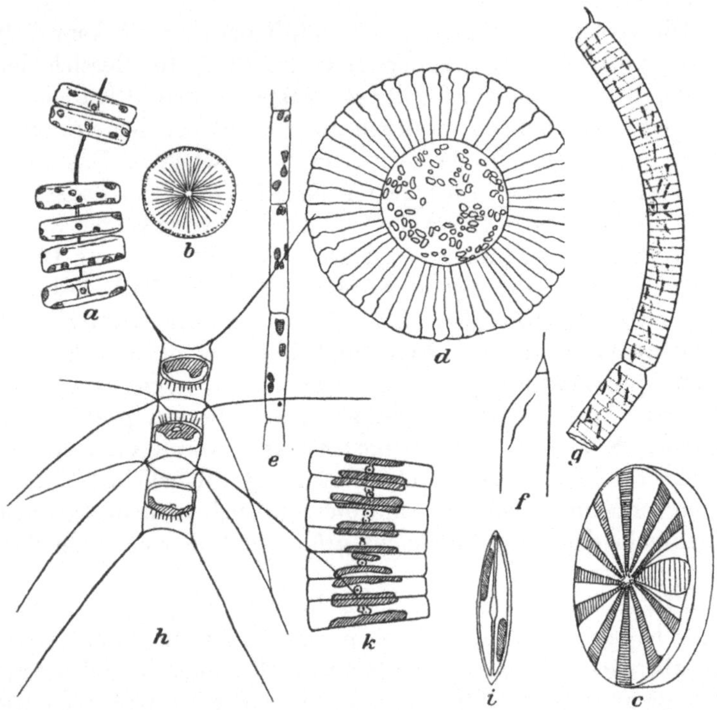

Abb. 9. Diatomeen (Kieselalgen). *a, e, g, h, k* kettenbildende Formen, *b* eine Einzelzelle aus der Kette *a* von oben, *d* Hauptform der Tropen mit breitem Saum, *f* Ende einer stabförmigen Art. Zum Teil sind die Farbkörnchen eingezeichnet.

wissenschaftlicher Arbeit sich haben in diesem Planktondurcheinander unterscheiden lassen.

In der Formenfülle der einzelligen Pflanzen treten hauptsächlich drei Gruppen hervor. Da sind zunächst die *Diatomeen* oder *Kieselalgen* (Abb. 9), die ihren Namen daher haben, daß ihre ursprünglich aus Zellulose bestehende zarte

30

Zellwand mit Kieselsäure durchsetzt ist. Ihre Farbkörnchen
sind braun. Die Gestalt wechselt sehr; häufig sind sie trommelförmig, schiffchenförmig, stabförmig. Oft sind sie mit
langen Fortsätzen versehen, auch mit breiten Säumen, wodurch die Gestalten besonders zierlich werden. Ohne Zweifel
fördern diese Anhänge das Schweben im Wasser. Nicht selten
setzen sie sich zu längeren Ketten zusammen, indem entweder
die Zellen unmittelbar miteinander oder durch Fäden verbunden sind. In den warmen Meeren, von deren Betrachtung
wir ausgegangen sind, gibt es Kieselalgen auf hoher See meist
nur wenig. Sie sind mehr in den kühlen und kalten Gewässern zu Hause.

Während diese Kieselalgen des Planktons unbeweglich sind,
haben die andern Gruppen Bewegungsmittel in Gestalt von
Geißeln, d. h. zarten Fäden, welche sich lebhaft in Spiralen
bewegen und dadurch den Körper im Wasser forttreiben können. Allerdings ist die Größe und Kraft dieser Geißeln zu
gering, als daß die Zellen dadurch eine wesentliche Geschwindigkeit erlangen, wesentliche Wege zurücklegen könnten.

Die *Peridineen* (Abb. 10), welche hier als zweite Gruppe
zu nennen sind, besitzen meist eine Zellwand aus Zellulose,
die oft sehr regelmäßig in kleine Platten geteilt ist, aber es
gibt auch nackte Formen. Allen gemeinsam sind zwei Rinnen
oder Furchen an der Körperoberfläche, in denen die Geißeln
spielen, die eine meist kreisförmig (eigentlich etwas spiralig)
den Körper umlaufend, die andere in der Längsrichtung des
Körpers ungefähr senkrecht zu der ersten liegend. Man könnte
sie nach dieser Haupteigenschaft *Furchengeißler* nennen;
sie haben sonst keinen recht passenden deutschen Namen.
Auch bei ihnen hat der Körper manchmal lange Fortsätze,
Säume, kragenförmige Aufsätze, so daß äußerst zierliche Gestalten entstehen. Besonders häufig aber sind im Zwergplankton aller Breiten ganz einfache, nackte, meist semmelförmige
Arten der Peridineen, und diese sind es, bei denen die Grenze
zwischen Pflanze und Tier am zweifelhaftesten wird; manche
haben Farbkörper, braune oder gelbe, andere nicht, und
manchmal scheint es, als könnten diese Farbkörperchen auch

farblos werden oder sie könnten verschwinden und wieder gebildet werden nach Bedarf.

Die dritte Gruppe schließlich ist die der *Coccolitho-phoriden* oder *Kalkgeißler* (Abb. 11). Sie haben einen Geißelfaden oder zwei am einen Pol des Körpers, und ihre Zellwand ist durch ein Kalkskelett verstärkt. Dies besteht aus

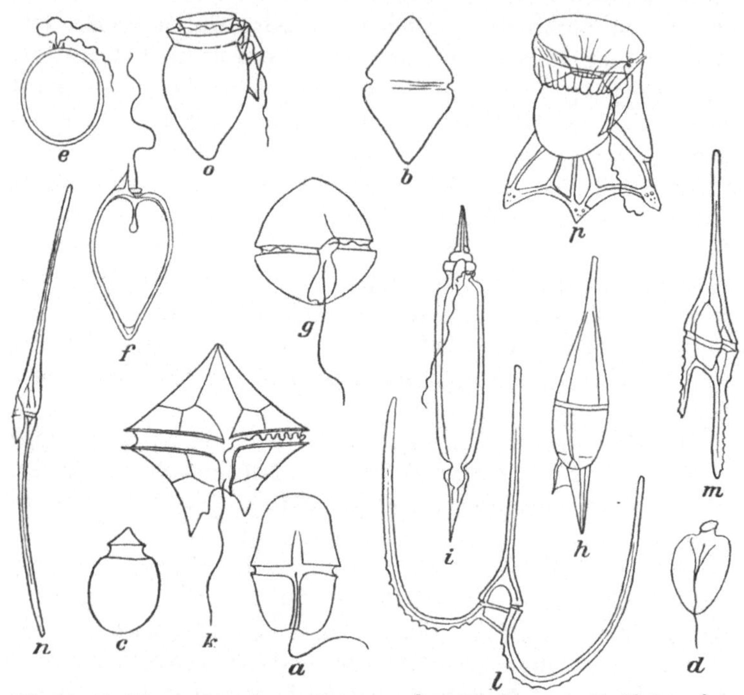

Abb. 10. Peridineen (Furchengeißler). *a—d* nackte Formen, die übrigen be-schalt, zum Teil (z. B. *k*) mit Plattenpanzer. *k—n* größere, auch im Netz-plankton häufige Formen. Die Geißeln sind nur zum Teil eingezeichnet.

kleinen Platten, elliptischen oder kreisförmigen, oft knopf-förmigen, seltener aus abstehenden Stäben oder trichter-förmigen Gebilden, welche die ganze Körperoberfläche be-decken. Ihre Gestalt ist vorwiegend kugelig oder eiförmig, jedenfalls im ganzen einfacher als in den beiden andern Gruppen. Aber auch hier entsteht der Eindruck einer großen

Mannigfaltigkeit an Formen durch die Verschiedenartigkeit
der Oberflächenpflasterung mit Kalkplatten. Ihre Farbstoff-
träger sind goldbraun. Diese Kalkgeißler bilden mit den Peridineen zusammen die Hauptmasse des Pflanzenlebens in den
Tropen. Eine kleine, unscheinbare kugelige Art von ihnen
(Pontosphaera huxleyi, Abb. 11 a) ist wohl das häufigste und

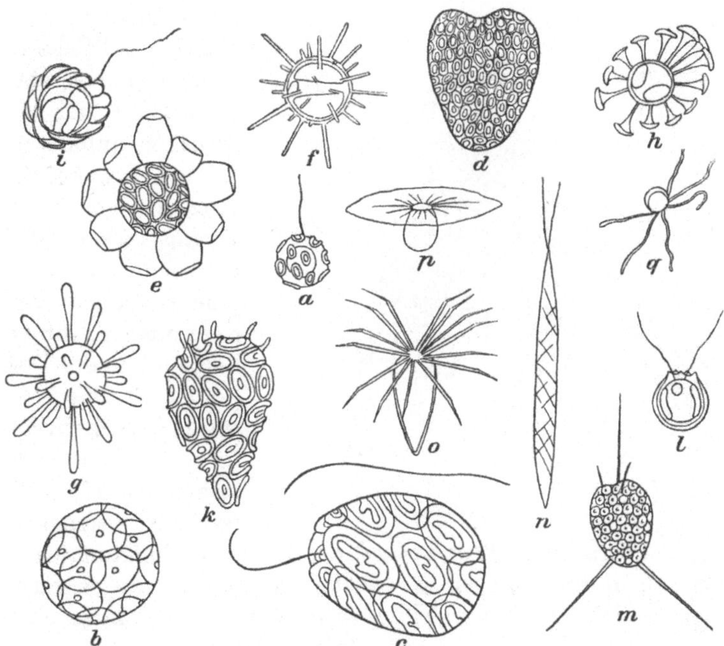

Abb. 11. Coccolithophoriden (Kalkgeißler). *a* häufigste Art, etwa ein
hundertstel Millimeter groß. Die Farbkörnchen sind bei *f, h, i, l* und *q*,
die Geißeln bei *a, c, i* und *l* eingezeichnet.

verbreitetste unter den Wesen des Zwergplanktons der warmen und gemäßigten Meere. Man vermißt es fast in keiner
Probe von der Wasseroberfläche.

Zu diesen drei Hauptgruppen der Pflanzen kommen noch
ein paar andere, unbedeutendere hinzu, und dann noch eine
große Menge einzelliger Tiere (Protozoen). Die meisten von
diesen sind noch einfacher gebaut als jene Pflanzen, welche

ich in großen Zügen beschrieben habe. Es gibt zwar unter ihnen etwas größere, schon mit dem Netz fangbare Formen, die um ihrer wunderbar zierlichen und manchmal sehr schönen Kieselskelette willen berühmt geworden sind, die Radiolarien oder Strahlinge (Abb. 12). Aber sie spielen im Zwergplankton nur eine untergeordnete Rolle. Was da vorherrscht, sind ganz einfache kugelige oder eiförmige nackte Geißeltierchen, die manchen Pflanzenformen ähneln, aber jener wichtigen Farbkörnchen entbehren.

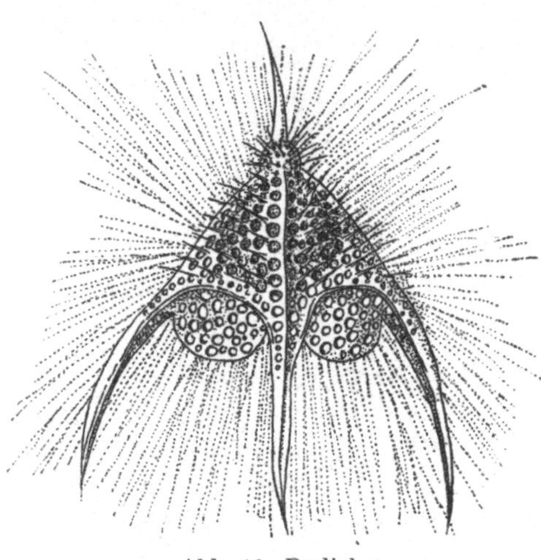

Abb. 12. Radiolar.

Ich will es bei der skizzenhaften Schilderung jener drei Pflanzengruppen bewenden lassen. Ihre Kenntnis wird für das Verständnis des Folgenden genügen. Es würde ja auch ein völlig aussichtsloses Unternehmen sein, wollten wir versuchen, das unübersehbare Wunderland des Weltmeerplanktons wirklich zu durchwandern. Je weiter wir kämen, um so mehr würden sich unsere Vorstellungen verwirren, um so mehr würden wir den Weg klarer Erkenntnis verlieren.

8. Lebensgemeinschaften der Einzelligen.

In der Tat ist die Kenntnis der unübersehbar zahlreichen Einzelformen, die der Ozean hervorgebracht hat, nicht der geeignete Weg, um zu einem tieferen Verständnis seines Gesamtlebens zu kommen. Sowenig wir einen Wald oder eine Wiese als lebendiges Gebilde verstehen würden, indem wir uns bemühen, jede Pflanze und jedes Tier in ihnen zu kennen, sowenig — ja noch viel weniger das lebendige Meer. Wohl muß man nicht vergessen, daß jede Art Lebewesen ihre besondere Art zu leben hat, und daß der bunte Teppich des Lebens aus vielen tausend einzelnen Lebensfäden zusammengewebt ist. Aber jeden Faden darin zu verfolgen, wäre ein hoffnungsloses und nutzloses Beginnen.

In der Natur ist das alles, was wir hier so säuberlich getrennt haben, ja bunt durcheinander gemischt. Und zwar finden wir da an jeder Stelle von dem einen mehr, vom andern weniger (Abb. 13). Dies Mehr oder Weniger ist nun keineswegs zufällig und daher bedeutungslos für uns, sondern gerade das kennzeichnet ein Stück Leben nach seiner Eigenart. Daß Buchen und Tannen in einem Walde wachsen, sagt uns wenig über den Wald, wenn wir aber wissen, daß Buchen die alles beherrschende Baumart in ihm sind, so haben wir sofort ein lebendiges Bild von ihm. In jeder von unseren Planktonproben sind die drei genannten Pflanzengruppen in bestimmtem Mengenverhältnis zueinander vorhanden. In bestimmtem Mengenverhältnis auch jede einzelne

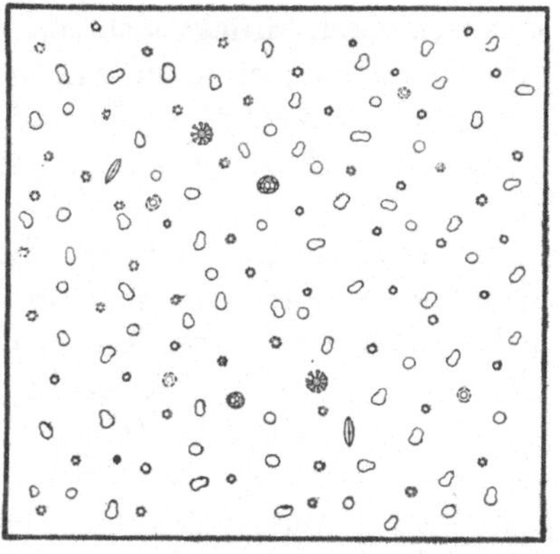

Abb. 13. Planktongehalt in 10 ccm tropischen Wassers (19° N. Br., 30° W. L.) aus 50 m Tiefe. Die semmelförmigen Zellen sind Peridineen, die schiffchenförmigen Diatomeen, die als einfache Kreise gezeichneten Protozoen, die übrigen Coccolithophoriden. Vergrößerung 100 fach.

beteiligte Art. Und dies Verhältnis ist nach festen Regeln geordnet. Überall gehören die Einzelformen zu einem Ganzen zusammen. Dies Ganze nennen wir eine „Lebensgemeinschaft".

Verweilen wir einen Augenblick bei diesem Begriff!

Wir denken dabei zunächst einmal an unsere aus dem Meere geholte Planktonprobe insofern, als alle diese schwebenden Pflanzen und Tiere eben an einem Orte zusammen leben. Wir denken ferner daran, daß sie alle infolgedessen unter gleichen Bedingungen der Umgebung stehen, unter gleichem Salzgehalt, gleicher Temperatur, gleichen Lichtverhältnissen usw., auch daß sie oder ihre Vorfahren wegen der Herkunft der sie gemeinsam einhüllenden Wassermasse ein gleiches Schicksal hinter sich haben. Drittens denken wir daran, daß sie vielfältig voneinander abhängig sind. In der einfachsten und sinnfälligsten Weise z. B., wenn eines das andere frißt. Überhaupt sind die Ernährungsbeziehungen das Wichtigste im inneren Zusammenhalt einer Lebensgemeinschaft, doch kommen viele andere gegenseitige Abhängigkeiten hinzu. In diesen „Gegenseitigkeiten", wenn ich so sagen darf, drückt sich am deutlichsten die Zusammengehörigkeit aus; ohne sie würde man wohl von einer Wohngemeinschaft oder einer Bedingungsgemeinschaft, aber noch nicht eigentlich von einer Lebensgemeinschaft sprechen können.

Von der Gemeinschaft oder den Gemeinschaften des Zwergplanktons werden wir also im folgenden immer ausgehen, nicht von den einzelnen Tieren und Pflanzen. Versuchen wir, uns zunächst noch eine etwas lebendigere Vorstellung von ihr zu bilden! Die Hauptmasse der beteiligten Wesen besteht, wie ich schon angedeutet habe, in den warmen Gewässern, d. h. im bei weitem größten Teil des Weltmeeres, aus kugeligen oder annähernd kugeligen Geschöpfen ohne wesentliche Körperfortsätze und ohne eine besonders auffallende Ausgestaltung der Körperwand, jedoch meist mit Geißeln versehen und im allgemeinen von sehr geringer Körpergröße, die über anderthalb hundertstel Millimeter kaum hinausgeht. Bisweilen enthält von derartigen Zellen eine tropische Zwergplanktonprobe bis 90%, während nur 10% auf andersartige Gestalten entfallen. Solche Tröpfchen lebender Substanz müssen also für das ozeanische Planktonleben mehr als alles andere geeignet sein.

Ihr spezifisches Gewicht wird das des Wassers meist wenig übertreffen. Auch andere physikalische Bedingungen machen den Kleinen das Schweben leichter als den Großen. Ihre selbständige Ortsveränderung, sofern sie überhaupt dazu imstande sind, ist nur äußerst gering. Man hat den Lebens-

bereich, der so einem Geißelwesen etwa zur Verfügung stehen
mag, auf 25 cm im Durchmesser geschätzt. Ihre Ernährung
scheint auf ziemlich verschiedene Weise stattzufinden; die
Verschiedenfarbigkeit der Körnchen in ihrem Innern, ihr
Fehlen oder ihre Farblosigkeit deuten darauf hin. Pflanz-
liche und tierische Ernährungsweisen gehen bunt durcheinander, sogar in einer und derselben verwandtschaftlichen
Gruppe, nämlich bei den Peridineen. Manche von den Beteiligten können vielleicht auf beide Weisen leben. In welchem
Umfange ein eigentliches Fressen bei den kleinsten Tieren
stattfindet, wissen wir nicht recht. Sicherlich wird auch das
Fressen von Bakterien eine gewisse Bedeutung in der Gemeinschaft haben. Es ist ferner denkbar, daß auch solche, die
keine dem Blattgrün entsprechenden Körperchen enthalten,
also sozusagen Tiere sind, gelöste Stoffe aus dem Wasser
aufzunehmen vermögen, allerdings nicht dieselben wie die
Pflanzen, sondern solche, die von den Pflanzen zubereitet sein
müßten.

So sehr viel wissen wir also vom Leben dieser Gemeinschaft
nicht. Aber wir wissen nun doch, was für uns das Wesent-
lichste ist, daß zu ihr die große Masse der Pflanzen gehört,
daß wir in ihr also die Lebewesen gefunden haben, auf deren
Dasein sich das aller übrigen aufbauen kann. In den Gemeinschaften des Zwergplanktons wurzelt das ganze Leben des
Weltmeeres.

9. Reichtum und Armut des Weltmeers.

Ungeheuer groß sind nun die Mengen der Zwergpflanzen
im Meer. Überall ist die Wassermasse von ihnen erfüllt. Selbst
das köstlich rein blaue, tief hinab durchleuchtete Wasser
warmer Meere ist so reich daran, daß jedes Trinkglas voll
schon viele von ihnen enthält. Der Eindruck der Wüsten-
haftigkeit des Ozeans, der sich ursprünglich so lebhaft uns
aufdrängte, scheint sich also immer mehr als falsch zu er-
weisen.

Um eine bestimmte Vorstellung von der Bedeutung dieses

Zwerglebens zu gewinnen, müßten wir wieder wissen, wie viele von diesen Einzellern denn im Ozean vorhanden sind. Oder fragen wir bescheidener erst einmal: Wieviel Zellen leben in einem Liter Wasser? Denn da wir gesehen haben, daß schon etwa 200 ccm eine ganze Menge davon enthalten, würden wir bei größeren Wassermengen bald wieder zu unvorstellbaren Zahlen kommen.

Wir zentrifugieren, um das festzustellen, eine ganz bestimmte Wassermenge und entnehmen mit Hilfe einiger besonderer Kunstgriffe den Bodensatz der Gläser so sorgfältig, daß nichts davon verloren geht. Er wird auf einem Objektträger, mit einem Deckgläschen bedeckt, unter das Mikroskop gebracht, und nun kann das, was das Wasser enthielt, nicht nur beobachtet, sondern auch gezählt werden. Wie man das im einzelnen zweckmäßig ausführt, kann ich hier nicht genau beschreiben. Haben wir nun auf diese Weise eine Zahl etwa für den Inhalt von 6 Zentrifugengläsern, also für 180 ccm gefunden, so können wir leicht berechnen, wieviel auf 1 Liter Wasser kommt. Und diese Zahl genügt, um die betreffende Gegend zu kennzeichnen, denn nach allen unsern Erfahrungen dürfen wir annehmen, daß die Verteilung des Planktons eine so gleichmäßige ist, daß eine kleine Stichprobe von Wasser ausreicht, um Zahlenwerte zu finden, welche den Planktongehalt der betreffenden Gegend richtig darstellen.

Es seien beispielsweise einige Wasserproben, teils von der Oberfläche, teils aus 50 m Tiefe nahe dem Äquator in der Nähe der Insel Ascension (7⁰ 55′ südl. Br., 14⁰ 23′ w. L.) untersucht. Das Ergebnis ist, daß dort in einem Liter Wasser an der Oberfläche etwas mehr, in 50 m Tiefe etwas weniger als 10 000 Zellen leben. Das würden also in dem kleinen Raum eines einzigen Kubikzentimeters schon 10 Zellen sein. Berechnen wir daraus einmal wieder die Zahl für eine Wasserschicht von 1 qkm Oberfläche und 10 m Tiefe! Das sind also 1000 × 1000 × 10 cbm. Jeder Kubikmeter enthält 1000 Liter, jedes Liter 10 000 Lebewesen (die vielzelligen noch gar nicht mal mitgerechnet). So erhalten wir als Ergebnis eine Eins mit 14 Nullen. Eine ungeheure Zahl! Und sie ist völlig sicher begründet, auch keineswegs im Verhältnis zu andern Teilen des Atlantischen Ozeans besonders hoch.

Aber — wir wollen noch eine zweite Berechnung anstellen. Bisher fragten wir nach der Anzahl der lebenden Zellen im Liter Wasser. Fragen wir jetzt einmal nach dem Raum, den diese Zellen einnehmen, nach dem Volumen, das ihre Körpermasse ausfüllt. Es wäre doch recht wissenswert, wie sich dieser Rauminhalt zu demjenigen der zugehörigen Wassermasse verhält. Nehmen wir einmal an, unsere Zellen seien alle kugelig und hätten im Durchschnitt einen Durchmesser von $\frac{15}{1000}$ mm. Diese Zahl wird sicherlich nicht zu niedrig, eher vielleicht etwas zu hoch sein, so daß unser Endergebnis etwas zu groß ausfallen könnte. Der Radius (r) einer solchen Kugel ist also $\frac{7{,}5}{1000}$ oder 0,0075 mm. Da nun der Inhalt der Kugel $= \frac{4}{3} r^3 \pi$ ist, so beträgt der Inhalt unseres Durchschnittsindividuums $\frac{4}{3} \cdot 0{,}0075^3 \cdot 3{,}142$ cmm und der Gesamtinhalt der 10 000 Zellen in einem Liter 10 000 mal soviel. Das sind 0,018 oder rund gerechnet $\frac{1}{50}$ cmm. Ein Liter Wasser enthält nun eine Million Kubikmillimeter. Die lebende Substanz in ihm nimmt also den fünfzigsten Teil von dem millionsten Teil des Liters, d. h. ein Fünfzigmillionstel der Wassermasse ein. Oder um es anschaulicher zu machen: Wenn ich 50 Millionen Eimer Wasser von der Meeresoberfläche schöpfe, so ist darin an lebender Substanz enthalten — ein Eimer voll. Berechnen wir schließlich für jene schon vorher als Beispiel benutzte Wassermasse von 1 km Länge und Breite und 10 m Tiefe das Volumen lebender Substanz, so kommen wir auf 200 Liter oder $^1/_5$ cbm.

Während also die Berechnung nach der Anzahl der Einzelwesen, d. h. im wesentlichen nach der Anzahl der Zellen auf sehr hohe Zahlen führt, so ergibt die nach dem Rauminhalt sehr niedrige. Das eine erweckt den Eindruck sehr starker Besiedelung des offenen Ozeans, das andere doch wieder den der wüstenhaften Armut. Ein Vergleich mit einer Landwüste ist schwer auszuführen, aber schließlich auch ziemlich belanglos. Die Verhältnisse im Ozean sind eben ganz anderer Art als auf dem Lande. Man wird sie nur mit sich

selbst, d. h. eine Stelle des Meeres mit der andern vergleichen
dürfen. Und dabei wird sich allerdings ergeben, daß das
blaue Wasser des offenen tropischen Ozeans verhältnismäßig
arm an Lebewesen ist.

10. Allgegenwart des Lebens.

Daß im Ozean das Leben sich hauptsächlich in ganz feiner
Verteilung vorfindet, und zwar in der feinsten für uns heute
denkbaren, nämlich in lauter einzelnen Zellen, ist eine Erkenntnis von grundlegender Bedeutung. Wir müssen, um
dieses Ergebnis würdigen zu können, hinzufügen, erstens,
daß dies unzweifelhaft überall der Fall ist, und zweitens, daß
die Gleichmäßigkeit der Verteilung der Zellen so groß ist,
daß tatsächlich in jedem einzelnen Liter Wasser der obersten
Schicht eine beträchtliche Anzahl davon nachzuweisen sein
würde.

Diese beiden Sätze lassen sich natürlich nicht wirklich beweisen, es sind nur Schlußfolgerungen aus den bisher ge-
machten Erfahrungen. In der Tat ist die Anzahl der auf ihr
Zwergplankton hin untersuchten Punkte noch sehr gering.
Sie beschränken sich fast ganz auf den Atlantischen Ozean.
Aus Tiefen von der Oberfläche bis zu 50 m hinab werden in
ihm bei weitem noch nicht 1000 Punkte geprüft worden sein.
Im Südatlantischen Ozean sind aber diese Punkte sehr gleichmäßig verteilt, so daß man ihn in dieser Beziehung wenigstens in großen Zügen wirklich kennt.

Die Zahlen, welche dabei gefunden worden sind, gehen für
die Oberfläche des Ozeans nie, für die Tiefe von 50 m selten
unter 1000 Zellen im Liter hinab, so daß im Durchschnitt
in jener obersten Wasserschicht auf jeden Kubikzentimeter
Wasser immer wenigstens eine lebende Zelle kommen würde.
Andererseits gibt es in nächster Nähe der Küsten gelegentlich Werte über 2 Millionen. Im Oslofjord in Norwegen ist
einmal sogar eine Planktonwucherung mit 5—6 Millionen
Zellen im Liter nachgewiesen worden.

Nun ist ungeheure Gleichförmigkeit ja das eigentlich Ozea-

40

nische am Ozean. Die physikalischen, chemischen und biologischen Untersuchungen, welche über alle Teile des Weltmeers gemacht worden sind, zeigen zwar deutliche Unterschiede von Ort zu Ort, aber wenn man von einem schmalen Küstenstreifen absieht, d. h. nur die eigentliche Hochsee berücksichtigt, findet man diese Unterschiede doch so gering, die Verhältnisse so gleichmäßig, daß es erlaubt ist, von einem genauer untersuchten großen Gebiet des Ozeans auf alle Teile des Weltmeers zu schließen. Wir können der allgemeinen ozeanischen Gleichförmigkeit wegen mit Bestimmtheit voraussagen, daß wir in dieser Hinsicht keine Überraschungen mehr erleben werden. Sowenig wir uns eine Stelle am Himmel vorstellen können, die nicht mit Sternen besät wäre, sowenig eine Stelle der ungeheuren Meeresfläche, die nicht mit lebenden Zellen durchsetzt ist.

Im allgemeinen werden die pflanzlichen Zellen in dem oben gebrauchten Sinne des Wortes überall stark vorherrschend sein. Echte vielzellige Pflanzen, die als echt ozeanisch zu bezeichnen wären, gibt es nicht. Die vielzelligen Tiere, wie wir sie mit dem Netz fangen, kommen der Zahl nach gegenüber den Einzellern gar nicht in Betracht. Zu je größeren Tieren wir hinaufsteigen, um so größer wird auch die Seltenheit. Sie sind spärlich durch den Ozean verteilt wie die wenigen Sterne „erster Größe" am Sternhimmel.

11. Eine Seekarte für das Plankton.

Wenn wir nun auf einer Reise über den Ozean in bestimmten Zeitabständen Wasserproben in der beschriebenen Art untersuchen, so werden wir imstande sein, die Veränderungen zu erkennen, welche das Plankton von Ort zu Ort durchmacht. Wir hätten z. B. bei unserer früher gedachten Fahrt nach Südamerika den Übergang von dem Schelfmeer der Nordsee zum offenen Ozean, den von den nördlicheren kühlen in die heißen tropischen Gewässer am Lebensgehalt des Wassers verfolgen können und würden noch viele andere, weniger auffallende Veränderungen auf dem Wege bemerkt

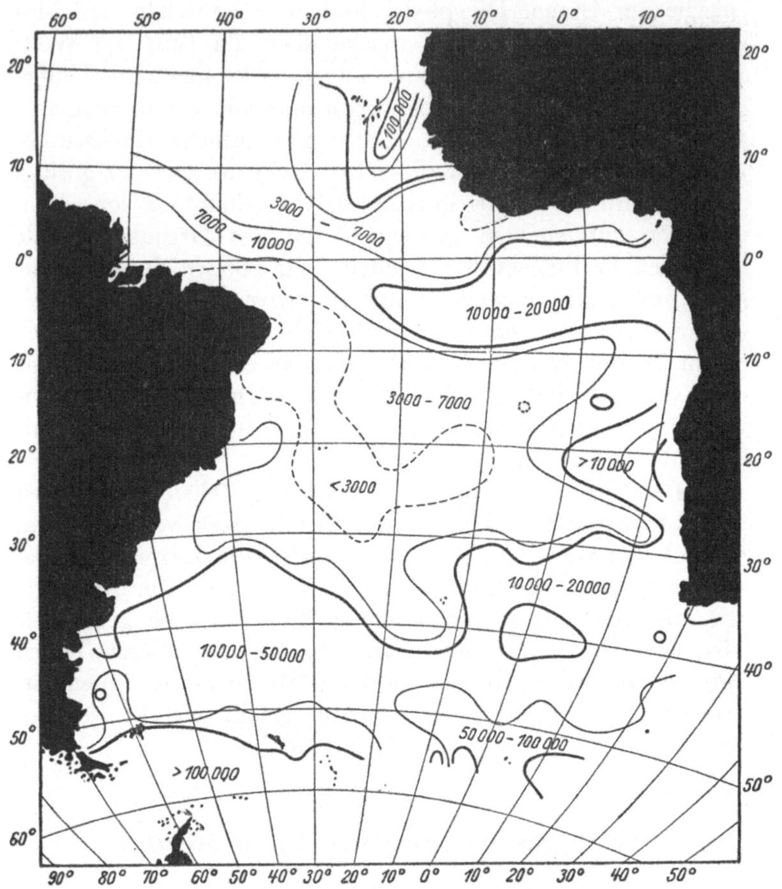

Abb. 14. Karte des Planktongehalts an der Oberfläche des Südatlantischen Ozeans. Die Zahlen geben an, wieviel Pflanzen und Tiere in den betreffenden Gegenden in einem Liter Wasser leben.

haben. Hat man nun in dieser Weise Zahlen für viele Punkte eines Teiles des Ozeans gewonnen, so wird es auch möglich sein, indem man alle diese Zahlen in eine Karte einträgt, ein Bild von der Verteilung des Planktons in der Fläche zu gewinnen.

Das ist in der Tat heute möglich für den Südatlantischen

Ozean. Wie ich schon sagte, sind da viele Punkte in gleichmäßiger Verteilung untersucht worden. Hauptsächlich auf der „Deutschen Atlantischen Expedition", die in den Jahren 1925 bis 1927 mit dem Vermessungsschiff „Meteor" ausgeführt worden ist, wurde dieses Zahlenmaterial zusammengebracht. An einer großen Anzahl der 310 „Stationen", welche die Expedition machte, sowie noch an vielen dazwischenliegenden Punkten wurden Oberflächenproben durchgezählt. Auf Grund der gewonnenen Zahlen ist dann die hier wiedergegebene Karte (Abb. 14) gezeichnet worden, und zwar in ganz derselben Weise, wie man die in den Zeitungen erscheinenden Wetterkarten herstellt. Wenn man nämlich für eine Anzahl Punkte der Erdoberfläche den Luftdruck an einem bestimmten Tage in die Karte einträgt, so treten Gebiete höheren und niederen Luftdrucks hervor, die man nach einfachen Regeln gegeneinander abgrenzen kann. Hat man auf dem Meere auf einer Fahrtstrecke z. B. folgende Zahlenreihe für den Planktongehalt je eines Liters Wasser gefunden: 6732, 4217, 3587, 5726, 8319, 11917, so ist anzunehmen, daß zwischen den ersten beiden Zahlen irgendwo ein Wert 5000 liegt, zwischen der zweiten und dritten ein Wert 4000 usw., zwischen den beiden letzten schließlich 9000 und 10000. Unsere Zahlen sind nun auf einer Fläche verteilt. Bestimmt man in ihr möglichst viele Punkte, an denen vermutlich die Zahl 5000 auftritt, und verbindet jeden mit dem nächstgelegenen, so bekommt man eine Linie gleicher Planktondichte für 5000 Zellen im Liter. Ebensolche lassen sich für 2000, 3000, 4000 Zellen usw. zeichnen. Eine solche Linie sagt also aus, daß an der einen Seite von ihr alle tatsächlich gefundenen Planktonwerte unterhalb der zu der Linie gehörigen Zahl, an der andern Seite alle Werte darüber liegen.

Es wird sich nun mit Hilfe dieser Linien entscheiden lassen, ob die Planktonverteilung eine einigermaßen regelmäßige ist oder nicht. Wäre sie es nämlich nicht, so müßte das Bild unklar und verworren werden, andernfalls aber übersichtlich und ausdrucksvoll. Darin wird dann der Hauptwert einer solchen Karte liegen: man wird nicht nur die Verteilung des

Lebensgehalts im Ozean in ihr abgebildet finden, sondern man wird versuchen können, die regelmäßigen Züge in dem Kurvenverlauf zu deuten. Wie man aus einer Höhenschichtenkarte abliest, wo Berge und wo Täler liegen, wie sie gestaltet sind, wie sie gegeneinander abfallen und ansteigen, so wird man hier sehen, wo dichteres, wo weniger dichtes Plankton vorhanden ist, wie sich die Gebiete hoher Werte und die niedriger verteilen, wie sie ineinander übergehen usw. Und man wird dann zu erkennen versuchen, *warum* es so ist. Das aber ist schließlich das einzig Wesentliche und auch für uns hier das Wichtigste.

Was sagt nun diese Karte aus? —

Sie zeigt beträchtliche Ungleichmäßigkeiten, aber doch auch eine gewisse Regelmäßigkeit in der Planktonverteilung.

Zunächst ist der Süden des Ozeans im allgemeinen in seiner ganzen Breite auffallend reich besiedelt. Die wärmeren Gebiete lassen dagegen einen Unterschied der Ost- und Westseite erkennen. Während die südamerikanischen Gewässer im allgemeinen arm bleiben, sind die afrikanischen reich. Und von Osten her erstrecken sich mehrere Gedeihgebiete zungenförmig in den Ozean hinaus. Dazwischen schieben sich aber auch zum Teil in ziemlich auffallender Weise arme Gebiete ein. Der Übergang von reichen zu armen Meeresteilen wird durch den Verlauf der Kurven stellenweise sehr schön zur Anschauung gebracht.

Diese Grundtatsachen zu wissen, hat ja nun an und für sich keinen sehr großen Wert für uns. Sie gewinnen einen solchen Wert erst, wenn wir sie *deuten* können, wenn wir mit einiger Sicherheit angeben können, welche Ursachen diese Verteilung bedingen. Und auch diese Deutungen sind erst dann von wesentlichem Nutzen für uns, wenn sie uns auf mehr oder weniger allgemeingültige Sätze hinführen, die über die allgemeinen Regeln, nach denen das Leben im Ozean sich verteilt, Auskunft geben. Der Südatlantische Ozean soll uns dabei nur ein Beispiel sein, an dem wir etwas über die Vorgänge im Weltmeer überhaupt lernen wollen.

Wie läßt sich nun eine derartige Aufgabe angreifen? —

Wir müssen, um das zu können, offenbar über zwei Dinge

zunächst gut Bescheid wissen, erstens darüber, welches für
ein schlechtes oder gutes Gedeihen des Planktons die entscheidenden Lebensbedingungen sind, zweitens darüber, welche
Lebensbedingungen in den verschiedenen Teilen des Ozeans
bestehen. Wissen wir dies, so werden wir vielleicht ein Urteil
darüber fällen können, wie die Unterschiede der Planktondichte, welche unsere Karte offenbart, sich erklären und
welche Bedingungen überhaupt für die dichtere oder dünnere
Besiedelung des Meeres maßgebend sind. Eine leichte Aufgabe ist das keineswegs, und wir müssen zufrieden sein,
wenn wir nur einigermaßen mit ihrer Lösung zustande
kommen.

12. Wir holen uns Rat bei der Landwirtschaft.

Um die allgemeinen Bedingungen für das Gedeihen zunächst der Pflanzen kennenzulernen, werden wir unser Augenmerk einmal wieder auf das Leben auf dem festen Lande
richten müssen, über das wir ja unvergleichlich viel besser
Bescheid wissen als über das im Meere. Und zwar werden
wir diesmal am besten nicht die reine, sondern die angewandte Wissenschaft, ja vielleicht geradezu die praktische
Erfahrung um Rat fragen. Niemand weiß über das Gedeihen
der Pflanzen und seine mannigfaltigen Bedingungen besser
Bescheid als der Landwirt, der Tag für Tag damit zu tun
hat, dessen ganze Lebensarbeit um dies Gedeihen bemüht ist.
Gehen wir mit ihm durch Felder, Wiesen und Weiden, fragen
wir ihn, warum hier das Getreide dicht, dort dünn steht,
warum hier schwere Ähren die Halme niederbeugen, dort nur
wenig Ertrag ist, warum hier Kartoffeln, dort Hafer, dort
Lupinen gebaut werden, warum hier Weide ist und dort
Wiese, so werden wir bald wissen, worauf es hauptsächlich
ankommt. Dieser Weg ist auch keineswegs einer, den ich
hier nur vorschlüge, um den Schwierigkeiten strenger Wis-
senschaftlichkeit aus dem Wege zu gehen. Denselben Weg
ist die wissenschaftliche Meeresforschung selbst gegangen.
Sie ist in der Tat bei den Landwirten in die Lehre gegangen

und hat aus den wissenschaftlichen Grundlehren der Landwirtschaft ihre vielleicht wichtigsten Gedankengänge hergeleitet.

Zunächst wird uns der Landwirt immer wieder auf etwas hinweisen, was für das Meer scheinbar gar nicht in Betracht kommt, auf den Boden. Ob er aus guter Ackererde besteht oder sandig, tonig, kalkig, moorig ist, ob er fett oder mager, leicht oder schwer, kalt oder warm, trocken oder feucht ist. Genauer besehen stellt sich dabei bald heraus, daß es hauptsächlich auf zwei Eigenschaften des Bodens ankommt, seinen Nährstoffgehalt und sein Verhältnis zum Wasser. Von diesen beiden hängt es hauptsächlich ab, ob er fruchtbar ist oder nicht. Und diese beiden Eigenschaften gehören eng zusammen, denn sie beeinflussen das Pflanzenleben hauptsächlich von einer und derselben Seite her: Sie bedingen die Ernährung. Denn die im Boden enthaltenen Nährstoffe steigen, im Wasser gelöst, in den Körper der Pflanze empor.

Nun ist ja in bezug auf die Rolle des Wassers ein Vergleich zwischen Land und Meer kaum möglich. Mangel an Wasser, unter dem das Gedeihen der Feldfrüchte auf trockenen Böden und in regenarmen Sommern so schwer zu leiden hat, gibt es im Meere nicht, und es gibt auch keinen Überfluß an Wasser. Ebensowenig wie jemand bei den Landpflanzen von Mangel oder Überfluß an Luft reden wird, sind diese Begriffe in bezug auf das Wasser für das Meer anwendbar. In gewissem Sinne läßt sich also die Beziehung der Meerespflanzen zum Wasser mit der der Landpflanzen zur Luft vergleichen. Und in der Tat werden wir viel besser vorwärts kommen, wenn wir hier die Luft mit in Betracht ziehen, von der uns der Landwirt nichts sagt, obwohl sie für die Fruchtbarkeit seiner Äcker von der größten Bedeutung ist. Denn auch die Luft ernährt ja die Pflanzen; sie enthält den Kohlenstoff, den sie unbedingt in großen Mengen für ihre Ernährung brauchen.

Geradeso wie die Luft *einen* Pflanzennährstoff, so enthält das Wasser des Meeres *alle* Nährstoffe, welche die Pflanzen bedürfen. Geradeso wie die Luft den Körper der Landpflanzen unablässig umspült und so unablässig die verbrauchten Nährstoffe ersetzt, so das Wasser die kleinen mikroskopischen Meerespflanzen. Das Wasser ist ihnen sozusagen Boden und Luft zugleich. Eine Leitung durch den Körper, eine Überführung der Nährstoffe von Organ zu Organ aber kommt hier ja nicht in Frage, eben weil die Pflanzen der riesigen Wassermassen so zwerghaft kleine Gebilde, weil sie nur einzelne Zellen sind. Es ist öfter von den Meeresforschern darauf hingewiesen worden, von wie großem Vorteil aus diesem Grunde die Einzelligkeit der Planktonpflanzen ist. *Auch aus diesem Grunde!* Denn für die andere Grundbedingung ozeanischen Lebens, das Schwebevermögen, ist sie ja ebenfalls von hervorragendem Wert.

Da wir einmal von der Bedeutung der Luft für das Gedeihen der Landpflanzen sprechen, so sei auch gleich noch auf einen zweiten Stoff aufmerksam gemacht, den die Luft enthält und von dem uns der Landmann auch nichts erzählt, obwohl er von größter Bedeutung für ihn ist, den Stoff, welcher die Atmung ermöglicht, den Sauerstoff. Der Vergleich zwischen Luft und Wasser in bezug auf die Nährstoffe ist auch auf ihn anwendbar. Auch ihn entnehmen die Meerespflanzen dem Wasser. Unser Vergleich führt uns also recht weit. Wir werden aber vorsichtig sein müssen, daß wir uns nicht *zu* weit von ihm führen lassen, daß wir uns nicht von ihm *ver*führen lassen: Gerade, daß die beiden Medien Wasser und Luft sich in mancher Hinsicht verschieden zu den lebenswichtigen Stoffen verhalten, wird für das Verständnis der Verteilung des Planktons von größter Bedeutung sein.

Die Frage der Pflanzenernährung ist für den Landwirt immer die Grundfrage. Und hier ist auch der Punkt, wo er am erfolgreichsten auf das Gedeihen einwirken kann, nämlich durch Düngung. Wir werden später Veranlassung haben, diesen Gegenstand noch näher im einzelnen zu betrachten; einstweilen genügt es uns, einfach allgemein von „Nährstoffen" zu sprechen und festzuhalten, daß der Nährstoffgehalt des Wassers von grundlegender Bedeutung für unsere Frage sein dürfte. Auch die Verschiedenartigkeit des Nährstoffbedürfnisses der verschiedenen Pflanzen, ihre verschiedenen

Ansprüche an Boden und Düngung, sind einstweilen noch von keiner Bedeutung für uns, da wir unsere Karte nur für das gesamte Plankton, ohne Rücksicht auf das Verhalten der einzelnen Arten von Pflanzen und Tieren entworfen haben.

Was uns aber der Landwirt noch für unsere Angelegenheit Wichtiges mitteilen kann, das sind seine Erfahrungen über Klima und Wetter. Regen und Sonnenschein, Frost und Hitze, Nässe und Trockenheit beeinflussen das Gedeihen aufs stärkste. Insbesondere die Unterschiede im Ertrage verschiedener Jahre sind ganz ihre Wirkung. Und was hier in zeitlichen Unterschieden zum Ausdruck kommt, das bewirken im Raume, wenn wir weite Ländergebiete vergleichend betrachten oder auch die weiten Flächen der Ozeane, die Unterschiede, welche in den verschiedenen Teilen des Gebiets bestehen. Das Klima, insbesondere die Stärke der Sonnenstrahlung in den verschiedenen Breiten, wird nächst der Frage der Nährstoffe ganz besonders unsere Aufmerksamkeit auf sich ziehen müssen. Wärme und Licht sind neben jenen chemischen Bedingungen des Gedeihens als die wichtigsten physikalischen besonders zu beachten. Die Frage der Feuchtigkeit, die für den Landwirt auch die größte Bedeutung hat, kommt ja für unsern Vergleich nicht in Betracht.

Und schließlich noch eins, in dem sich alle diese Bedingungen gewissermaßen miteinander verknüpfen und verflechten: Das Gedeihen ist immer in Kreisläufe eingeordnet. Leben ist ja kein Zustand, sondern ein Vorgang, und sofern es bestehen bleiben soll, muß immer der Ausgangszustand, in dem der Lebensvorgang begann, wiederhergestellt werden. Das Wasser, welches die Landpflanzen verbrauchen, muß wiederkehren, der Erdboden muß die Nährstoffe wiederbekommen, welche er an das Leben abgegeben hat, dieselben Witterungen müssen sich rhythmisch wiederholen, sofern sie nicht dauernd vorhanden sind. Dem Landwirt stellen sich, wie gesagt, diese Kreislaufserscheinungen des Lebens vorwiegend als zeitliche Folgen dar, die sich von Jahr zu Jahr wiederholen. Der Kreislauf des Lebens fällt ihm mit dem Kreislauf des Jahres zusammen. Im Meere haben wir es auch

48

wohl mit solchen jahreszeitlichen Rhythmen zu tun. Viel wichtiger aber sind dort gewaltige Kreisläufe im Raum, Bewegungen großer Wassermassen, die in unabänderlich gleichförmigem Verlauf an jeder Stelle immer die ihr eigentümlichen Lebensbedingungen wiederherstellen, so daß die außerordentlich kleinen Lebensläufe der kleinsten Pflanzen und Tiere immer wieder von neuem ablaufen können. Wir würden aus der Verteilung der Nährstoffmengen und der Klimate die Lebensverteilung im Ozean nicht verstehen können, wenn wir nicht diese Kreislaufserscheinungen mit ins Auge faßten.

13. Etwas von der Physik und Chemie des Meeres.

Betrachten wir nun unsere Aufgabe von der andern Seite! Prüfen wir einmal das Meer in bezug auf die Vorbedingungen des Lebens in ihm. Stellen wir uns die Frage, welche Unterschiede der Lebensbedingungen in verschiedenen Meeresteilen vorhanden sind, d. h. wie die chemischen und physikalischen Eigenschaften des Wassers unter der grenzenlosen Fläche von Ort zu Ort sich ändern, wie sich höhere und niedere Werte dieser Eigenschaften durch das weite Gebiet verteilen, und welche Kreisläufe denn da stattfinden, deren Ablauf die Beständigkeit dieser Verhältnisse ermöglicht.

Diejenigen Eigenschaften des Meerwassers, welche seit langer Zeit in bezug auf ihre geographische Verteilung die sorgfältigste Untersuchung erfahren haben, sind der Salzgehalt des Wassers, seine Temperatur und die Strömungen. Für diese drei gibt es gute Karten, besonders auch vom Atlantischen Ozean. Es wäre also zu prüfen, ob diese Karten uns irgendwie weiterführen können.

Wie schon oben gesagt, muß angenommen werden, daß die Temperaturverteilung von wesentlicher Bedeutung für den Ertrag des Ozeans an lebenden Wesen sei. Wir haben bemerkt, daß die fliegenden Fische und die Blasenquallen nur den warmen Gewässern angehören. Allerdings handelt es sich da zunächst nur um das Vorkommen oder Nichtvorkommen

einzelner Arten, worauf wir später zurückkommen werden.
Wir können einstweilen nicht vorhersehen, ob der Gesamt-
gehalt des Wassers an Leben sich entsprechend der Temperaturverteilung ändert. Ja, wir werden in der Tat, wenn
wir unsere Planktonkarte mit einer Temperaturkarte der
Meeresoberfläche vergleichen, nicht viel weiter kommen.

Was den Salzgehalt betrifft, so ist es ja eine Grundtatsache, daß die Bevölkerungen von Meer und Süßwasser völlig
verschieden sind. Auch sieht man in den brackischen Zwi-
schengebieten zwischen diesen beiden, daß der Salzgehalt
im allgemeinen sehr scharfe Grenzen setzt, die nur wenige
Pflanzen und Tiere bis zu einem gewissen Grade überschreiten
können. Aber da handelt es sich immer um verhältnismäßig
große Unterschiede des Salzgehalts. Geringe Schwankungen
können alle Salzwasserbewohner ertragen. Und im offenen
Ozean gibt es nur verhältnismäßig sehr geringe Schwankungen. Ob das Wasser 34 oder 36 Tausendstel seiner Masse an
Salz enthält, dürfte kaum mehr von großer Bedeutung für
das Gedeihen des Planktons sein.

Merkwürdigerweise kennen wir trotzdem Fälle, in denen
noch viel geringere Schwankungen des Salzgehalts einen Einfluß zu haben scheinen, so daß Salzgehaltsgrenzen mit den
Grenzen der Verteilung von Lebewesen zusammenfallen. Das
ist aber nur Schein. Wenn nämlich eine einigermaßen in sich
geschlossene Wassermasse sich durch den Ozean bewegt, so
kann sie ihren Salzgehalt lange unverändert beibehalten.
Wenn dieselbe Wassermasse ihren Gehalt an Lebewesen auch
beibehält, weil sich in dem Strömungsverlauf die ausschlaggebenden Lebensbedingungen nicht wesentlich ändern, so
trifft eben dieses und jenes nur zusammen, weil beide durch
dasselbe Dritte bedingt sind, durch die geschlossene Fortbewegung eines Teiles der Wassermasse. Von einer Wirkung
des Salzgehalts auf die Lebensverteilung kann da gar nicht
die Rede sein.

Dann würde also eigentlich die Strömung den Planktongehalt des Wassers in einem Gebiet bestimmen. Und solche
Fälle kennen wir nun allerdings viele. Nur eins der nächst-
liegenden Beispiele sei hier angeführt. Die stärkste Meeres-

strömung des Nordatlantischen Ozeans ist ja der sogenannte Golfstrom, der im Golf von Mexiko beginnend sein Wasser durch die Floridastraße in den offenen Ozean ergießt und, durch dessen Wassermassen verstärkt, sich nordostwärts gegen die Küsten Nordeuropas wendet. Man kann ihn bis zum Nordkap hinauf und darüber hinaus verfolgen, und zwar vorwiegend auf Grund seines Salzgehaltes und seiner Temperaturen — aber auch auf Grund seines Planktongehalts. Insbesondere da oben, wo sich seine letzten Ausläufer mit polarem Wasser mischen, kommt das höchst auffallend zur Geltung. Noch merkwürdiger vielleicht ist eine Stelle seines Verlaufs, die weiter zurückliegt, nämlich an der Neufundlandbank. Dort stößt von Norden her kommend das Wasser des Labradorstroms sozusagen dem Golfstrom in die Flanke, und die scharfe Grenze, welche sich dabei bildet, ist auch im Plankton ganz deutlich ausgeprägt. Sogar an den großen Oberflächentieren erkennt man sie bisweilen recht gut, indem in der Umgebung des südwärts fahrenden Schiffes ganz plötzlich fliegende Fische, Blasenquallen und dergleichen Warmwassertiere auftauchen.

Im allgemeinen handelt es sich bei derartigen Beobachtungen allerdings wieder zunächst um das Vorkommen und Nichtvorkommen bestimmter Arten von Tieren und Pflanzen. Wir sind zunächst immer geneigt, an der Grenze zweier Stromgebiete nach „Leitformen" zu suchen, d. h. nach solchen, die nur in der einen der beiden Strömungen vorkommen, und deren Vorkommen uns leiten kann, wenn wir feststellen wollen, wie weit das Wasser dieser Strömung vordringt. Die Wirkung der Strömung kommt da also insofern in Betracht, als sie Lebewesen verschleppt.

Wir müssen aber noch eine zweite Wirkung der Strömungen auf das Planktonleben beachten. Die Zwerge des Planktons, die einzeln lebenden Zellen, haben natürlich nur eine kurze Lebensdauer, sie können also nicht weit verschleppt werden. Sie pflanzen sich aber auch sehr schnell fort. Ihre Nachkommenschaft kann also lange in der strömenden Wassermasse weiterleben, vorausgesetzt, daß ihre natürlichen Lebensbedingungen in dieser unverändert bleiben. Wenn eine

Strömung nun eine Wassersorte mit bestimmten Eigenschaften — also auch bestimmten Lebensbedingungen — weithin verschiebt, so muß sich auch ihre größere oder geringere Fähigkeit, Plankton *hervorzubringen*, sozusagen mit ihr verschieben. Wir werden also voraussichtlich reiche und arme Strömungen auch an ihrem Gehalt an dem schnellebigen Zwergplankton unterscheiden können.

Um unsere Planktonkarte zu deuten, könnten wir also den Versuch machen, sie durch Vergleich mit den Karten des Salzgehalts, der Temperatur und der Strömungen zu verstehen, und dürften insbesondere bei der letztgenannten einen deutlichen Erfolg erwarten. Wesentlich wertvoller aber würden uns natürlich Karten über den Nährstoffgehalt des Wassers sein, auf den sich ja aller Wahrscheinlichkeit nach das Gedeihen der Pflanzen am meisten gründet. Wie steht es denn damit? Gibt es dafür keine Karten? — Der Chemiker, der für diese Frage zuständig ist, wird uns antworten, daß es die eigentlich noch nicht gibt. „Nährstoff" ist für ihn ja überhaupt kein brauchbarer Begriff, er wird nur von verschiedenen einzelnen Stoffen sprechen, die für die Ernährung in Frage kommen. Zwei der wichtigsten Nährstoffe sind z. B. — warum, das werde ich später erklären — Stickstoff und Phosphor. Der Chemiker wird uns von ihnen berichten, daß Stickstoffverbindungen bisher auf See sehr schwierig zu untersuchen waren, und daß sie ebenso wie die Verbindungen des Phosphors in den warmen Gewässern an der Oberfläche nur in kaum nachweisbaren Spuren zu finden sind, daß dagegen Sauerstoff (der ja hier auch mit zu berücksichtigen wäre) fast überall im Übermaß vorhanden ist und eben deswegen auch keine wesentlichen Unterschiede bewirken kann. Gerade die Oberfläche des Meeres, die uns hier zunächst beschäftigt, können wir in bezug auf ihren Nährstoffgehalt nur sehr unvollkommen zur Darstellung bringen.

Aber es müssen doch irgendwo reichlich fließende Nährstoffquellen nachzuweisen sein! Wie könnte denn Leben entstehen, wenn nicht Stickstoff und Phosphor dauernd zugeführt würden? Wo finden sich denn diese Stoffe, ohne die kein Plankton möglich ist? —

Der Chemiker wird uns zu dieser Frage auf zwei Dinge aufmerksam machen. Erstens darauf, daß große, reiche Lager dieser wichtigen Stoffe in der Tiefe des Meeres vorhanden sind. Wenn wir Wasserproben aus 50, 200, 400 m Tiefe untersuchen, so können wir sie leicht feststellen, und zwar in zunehmender Menge, je tiefer wir gehen. Der größte Reichtum an Phosphor findet sich in etwa 1000 m Tiefe, und mit dem Stickstoff scheint es ähnlich zu sein. Und zweitens gibt es noch ein anderes Stickstofflager, nämlich die Luft über dem Meere. Zwar ist deren großer Gehalt an reinem Stickstoff den Meerespflanzen ebensowenig wie den Landpflanzen unmittelbar zugänglich, aber ein kleiner Teil davon wird in eine verwertbare Form gebracht, wenn bei Gewittern Blitze die Luft durchschlagen. Dann bildet sich salpetrige Säure, in der gebundener Stickstoff enthalten ist. Sie wird mit dem Regen dem Meere zugeführt. Insbesondere in vielen Gegenden der Tropen, wo fast allnächtlich Gewitter sich entladen, mag diese zweite Stickstoffquelle wohl neben der ersten wesentlich mit von Bedeutung sein.

Es sind also nur wenige und wenig befriedigende Angaben über die Nährstoffverhältnisse vorhanden, doch wollen wir sie im Auge behalten.

14. Die Deutung der Planktonkarte.

Mit diesem Rüstzeug ausgestattet, können wir nun endlich wieder an die Untersuchung unserer Planktonkarte herantreten.

Der Umstand, daß da im Süden ein breites Gebiet einheitlicher Beschaffenheit sich über den ganzen Ozean erstreckt, ist geeignet, die Gedanken auf die Unterschiede der Temperatur in den verschiedenen Breiten und auf die Annahme zu lenken, daß die Temperaturzonen zur Ausbildung von Planktonzonen geführt hätten. Nun ist ja aber entgegen dem, was wir von dem Leben auf dem festen Lande wissen, dies verhältnismäßig kühle Gebiet nicht arm, sondern reich an Plankton. Sollten wir also nicht das Gegenteil erwarten, Armut statt Reichtum?

In der Tat, es ist eine allgemeine Regel, daß höhere Temperaturen der Hervorbringung von Lebewesen förderlich sind, niedere sie hemmen. Sie gilt im Meere wie auf dem Lande. Also muß wohl diese Bevorzugung des fernen Südens gegen die warmen Gewässer anders begründet sein. Nach unsern früheren Erfahrungen werden wir geneigt sein, an einen besonderen Nährstoffreichtum dieser Gebiete zu denken. Und in der Tat, die Ergebnisse der Untersuchungen zeigen deutlich, daß es so ist. Während Phosphorverbindungen z. B., wie ich schon gesagt habe, in den warmen Gewässern an der Meeresoberfläche sich kaum nachweisen lassen, sind sie in den kühlen Südbreiten reichlich vorhanden. Dasselbe ist für die Stickstoffverbindungen anzunehmen, soweit wir es nach den wenigen Untersuchungen beurteilen können, die bis jetzt vorliegen.

Und wir können auch erkennen, worauf der Reichtum jener kühlen Gebiete an diesen wichtigen Nährstoffen beruht. Es läßt sich nämlich nachweisen, daß hier Tiefenwasser an die Oberfläche empordringt, während Oberflächenwasser absinkt. Eine Durchmischung höherer und tieferer Wasserschichten findet hier statt, und das bedeutet, da das Tiefenwasser so reich an Nährstoffen ist, eine „Düngung" der Oberflächengewässer, die dann weiter den Planktonreichtum zur Folge hat.

Nun fielen uns weiter die reichen Planktongebiete auf, welche sich zungenförmig von der afrikanischen Küste her in den Ozean hinauserstrecken. Ihre eigentümliche Gestalt muß uns bei einigem Nachdenken auf die Vermutung bringen, daß hier Strömungen einen Einfluß ausüben. Gleichsam, wie Rauchwolken durch den Wind vom Feuer hinweggetrieben werden, allmählich dünner werden und sich in der umgebenden Luft schließlich verlieren, so ziehen diese Planktonwolken in den Ozean hinaus. Der Vergleich mit einer Strömungskarte bestätigt diese Vermutung (Abb. 15). Die größte Zunge, welche sich dicht südlich vom Äquator westwärts vorstreckt, entspricht dem sogenannten Südäquatorialstrom. Das ist die stärkste Strömung, die sich überhaupt in dem Gebiet unserer Karte findet, und so ist es nicht überraschend, daß

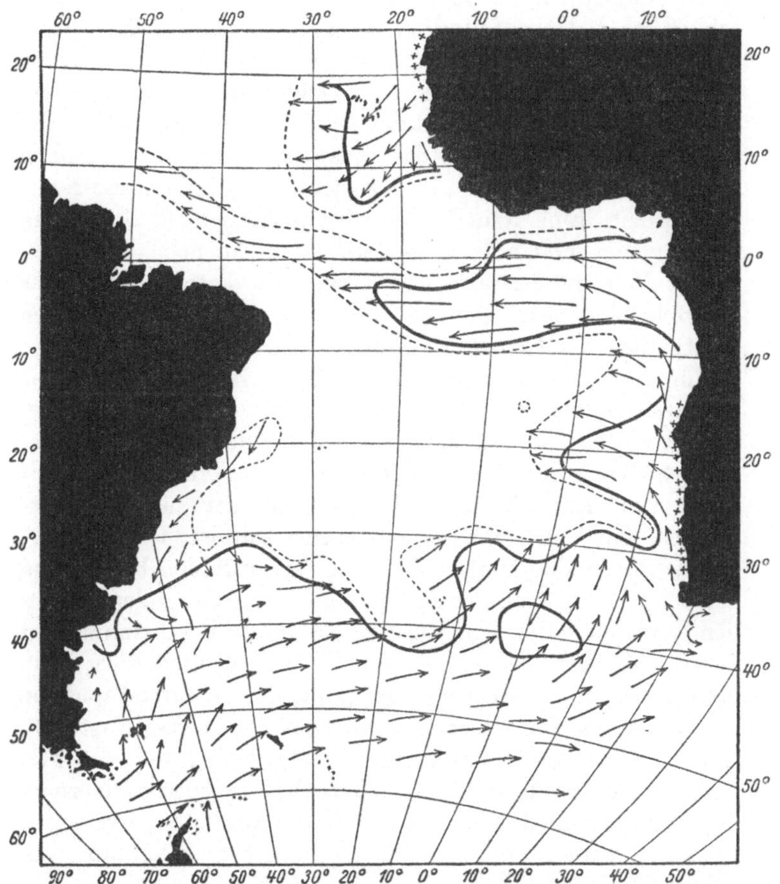

Abb. 15. Vgl. Abb. 14. In den Gebieten mit mehr als 7000 Zellen im Liter sind durch Pfeile die Strömungen angegeben. Die kleinen Kreuze längs der afrikanischen Küste bezeichnen Gebiete mit aufsteigendem Tiefenwasser.

sich ihre Wirkung auf das Plankton quer über den ganzen Ozean hinüber bis über die Mündung des Amazonas hinaus geltend macht. Ihr nähert sich von Norden her die kurze, aber viel dichtere Besiedelung ausdrückende kapverdische Zunge. Ihr Verlauf deckt sich mit dem des Kanarenstroms, der bei den Kapverdischen Inseln von der afrikanischen

Küste allmählich abbiegt. Die südwestafrikanische Zunge schließlich hat ebenfalls ihre deutliche Strömungsgrundlage.

Diese Strömungen verdeutlichen uns also in hohem Grade unsere Planktonkarte. Aber sie machen uns ja nur die Gestalt dieser östlichen Planktonmassen verständlich. Die Ursache ihres Reichtums, das Zustandekommen der hohen Planktondichte erklären sie uns nicht. Es fehlt uns noch die Hauptsache. Eine Rauchwolke wird ja auch nicht durch den Wind allein verständlich, sondern vor allem doch durch das Feuer. Wir müssen also das Kerngebiet dieser Massen, das Wurzelgebiet dieser Zungen untersuchen. Denn dort müssen die Quellen des Reichtums liegen.

Für die nördliche und südliche Zunge ist nun die Ursache der Erscheinung in der Tat recht klar und einfach. Die Seefahrer wissen seit langer Zeit, daß an der nordwestafrikanischen Küste gegenüber den Kanarischen Inseln und bis hinab zum Kap Verde, und ebenso an der südwestafrikanischen Küste das Wasser auffallend kalt ist. Die Wassertemperaturen sind um 5—6 Grade, ja im Süden bis 9 Grad kälter, als man nach der Breitenlage dieser Gegenden eigentlich erwarten sollte. Und die Ursache dieser Erscheinung liegt darin, daß hier Wasser aus der Tiefe in großen Massen an die Oberfläche empordringt, aufquillt, sich ausbreitet und von der Strömung fortgetragen wird. Dies Tiefenwasser ist kalt. Aber für uns ist hier etwas anderes von Bedeutung: das Tiefenwasser ist reich an Nährstoffen. Diese werden hier erneut dem Lichte und damit dem Leben zugeführt. Sie werden in Planktonmassen von zum Teil erstaunlichem Reichtum umgesetzt.

Nicht ganz so einfach wie die Deutung dieser beiden Fälle ist die der mittleren Zunge, der längsten unter den dreien. Zu einem Teil mag auch hier afrikanisches Küstenwasser an der Fruchtbarkeit mitwirken, vorwiegend aber treten die Nährstoffe wohl an gewissen Stellen auf hoher See aus der Tiefe an die Oberfläche. Voll befriedigend können wir diese Verhältnisse noch nicht erklären.

Merkwürdig ist es, daß zwischen die planktonreichen Gebiete der östlichen Hälfte des Südatlantischen Ozeans sich dicht nördlich des Äuqators ein ganz armes Gebiet einschiebt, das sich tief in den Golf von Guinea hinein erstreckt. Aber auch dies wird weniger auffallend, wenn wir eine Strömungskarte zum Vergleich heranziehen. Sofort sehen wir dann, daß dieser Meeresteil nicht nur in seiner Planktonbesiedelung besonders geartet ist, sondern eben wieder durch eine besondere Wassersorte ausgefüllt wird. Während sonst die Strömungen des Ostens von der Küste weg in die Hochsee hinausstreben, entsteht hier der Guineastrom mitten in der offenen See und läuft gerade entgegengesetzt den beiden benachbarten Strömungen auf die afrikanische Küste zu und an ihr entlang tief in die Guineabucht hinein. Irgendwie wird mit dem besonderen Ursprung dieser guineischen Wassermasse die Planktonarmut zusammenhängen. Übrigens kommt die Eigenart dieses Wassers auch in seiner durch das Plankton bedingten Färbung zum Ausdruck. Die arme Guineaströmung schiebt sich mit rein blauem Wasser zwischen die benachbarten grünlich verfärbten planktonreichen Ströme hinein.

Ich könnte noch einige andere Beispiele vom Zusammenhang der Planktondichte mit den Strömungen geben, aber es mag bei der Besprechung dieser wenigen einfachen und klaren Hauptzüge des Kartenbildes sein Bewenden haben.

Der Südatlantische Ozean sollte uns nur ein Beispiel sein, um daran zu untersuchen, wie denn wohl die Unterschiede der Planktondichte in verschiedenen Teilen des Weltmeers zustande kommen. Wir sahen, daß die Strömungen einen großen Einfluß darauf haben, daß die letzten grundlegenden Bedingungen aber immer im Nährstoffgehalt des Wassers liegen. Es mag noch andere Zusammenhänge geben, die den Reichtum und die Armut an Plankton bedingen, aber während Meeresströmungen nicht notwendig dabei wirksam zu sein brauchen, ist es schlechterdings undenkbar, daß nicht jede Planktonwucherung einen Reichtum an Nährstoffen voraussetzt. So verdient die Frage nach diesen Stoffen, ihrer Verteilung, Bewegung, Verwertung und Erneuerung unsere besondere Aufmerksamkeit. Sie soll uns zunächst noch weiter beschäftigen.

15. Ozeanische Lebenskreisläufe.

Ich sagte früher, daß das Leben überall auf der Erde in große Kreisläufe der Natur eingefügt ist. Groß nenne ich sie, weil sie gleichsam nach einem einzigen, allgemeingültigen großen Plane geordnet zu sein scheinen. Auf dem Festlande wie im Meere sind sie im Grunde die gleichen. In der Umgebung der Birke, die vor meinem Fenster im Winde schwankt, verlaufen sie in derselben Weise wie in der Umgebung des Schiffes, welches das blaue Wasser tropischer Meere durchschneidet. Aber groß in besonderem Sinne, groß im Raume, ozeanisch groß verdienen die Meereskreisläufe genannt zu werden, weil sie in die unablässige gleichförmige Bewegung der Stoffe und Kräfte des gesamten Weltmeers gesetzmäßig eingefügt sind. Beides soll nun hier besprochen werden: wie an jedem kleinsten Lebenspunkt irgendwo in den grenzenlosen Gewässern dieser Kreislauf der Stoffe wirksam ist und wie das Weltmeer als Ganzes vermöge dieser Stoffumsetzung in seinem Innern lebt.

Beginnen wir die Betrachtung an der Stelle, wo Nährstoffe in eine im Wasser lebende Pflanzenzelle eintreten. Es sind chemisch einfach gebaute „anorganische" Stoffe. Sie dringen in Wasser gelöst durch die Zellwand in die lebende Masse der Zelle ein. Dort werden aus ihnen weniger einfache, zusammengesetztere, höhere, „organische" Stoffe „aufgebaut". Das geschieht, indem sie zunächst mehr oder weniger in ihre einfachsten Grundbestandteile zerlegt werden, z. B. die Kohlensäure in Kohlenstoff und Sauerstoff, und diese dann neu zusammengesetzt werden. Für eine solche Umarbeitung (Assimilation) bedarf es erstens jener braunen, dem „Blattgrün" der Landpflanzen entsprechenden Körperchen und zweitens des Sonnenlichts. Durch deren Zusammenwirken entstehen die höheren Stoffe, an die das Leben immer gebunden ist, z. B. das Eiweiß.

Die tierische Zelle ist dieser aufbauenden Tätigkeit nicht fähig. Sie muß also die zusammengesetzteren Stoffe von der Pflanze, die ihr die Nahrung vorbereitet, übernehmen, doch vermag sie sie für ihre Zwecke „umzubauen". Das eine Tier wird nun vom andern gefressen, das zweite vielleicht von einem dritten und so fort. So können also jene Stoffe unter Umständen lange Zeit durch eine Kette von Tierleibern weitergeleitet werden. Die Pflanze, welche sie erzeugte, lebt dann zwar nicht mehr, aber ihre Erzeugnisse nehmen noch immer am Leben teil.

Schließlich werden aber die Grundstoffe immer einmal wieder den Schritt durch den endgültigen Tod machen müssen, indem entweder die aufbauende Pflanze schon selbst stirbt, ehe sie gefressen worden ist, oder die auf Kosten solcher Pflanzenzellen lebende Tierzelle stirbt. Was wird dann mit den Bestandteilen dieser Zellen?

Es beginnt der „Abbau". Das ist kein einfacher chemischer Vorgang, sondern er setzt wieder die Tätigkeit lebender Zellen, der Bakterien voraus. Wie deren Wirksamkeit im einzelnen verläuft, mag hier unerörtert bleiben. Es kommt uns nur auf das Endergebnis dieser abbauenden Tätigkeit an. Das sind nämlich wieder jene einfachsten Stoffe, welche der Pflanze unmittelbar als Nahrung dienen können. Damit ist dann also der Kreislauf geschlossen.

Dieser Vorgang läßt sich mit wenigen Worten einfach beschreiben. In Wirklichkeit ist er natürlich nichts weniger als einfach, vielmehr ein ungeheuer vielgestaltiges Durcheinander der verschiedensten Vorgänge. Doch genügt es für unsern Zweck, diese wenigen Hauptlinien vom Lebensgebäude der Erde zu kennen.

Wollen wir nun den Stoffumsatz bei der Entstehung großer Mengen von Zellen, wie in unserm Plankton, verstehen, so müssen wir zuvor auch über die Mengen der vorhandenen Nährstoffe noch einiges wissen. Denn davon hängt ja natürlich ab, was das Wasser hervorbringen kann, ob viel oder wenig, ein reiches oder ein armes Plankton. Und zwar hängt das nicht nur von der Gesamtmenge aller Nährstoffe zusammen ab, sondern auch von der Menge jedes einzelnen von ihnen und dem Verhältnis ihrer Mengen zueinander.

Gewisse von den fraglichen Stoffen sind immer und überall reichlich im Meere vorhanden, so z. B. die so wichtige Kohlensäure und der Sauerstoff. Wenn es auf sie allein ankäme, so könnte noch viel mehr Plankton entstehen, als man irgendwo findet. Andere aber sind selten. Insbesondere fehlt es, wie ich schon oben erklärt habe, in der obersten Schicht des Meeres an Verbindungen des Stickstoffs (wie z. B. der Salpeter eine ist) und des Phosphors. Stellen wir uns nun vor, eine Pflanzenzelle entnimmt für ihren Aufbau eine gewisse Menge Kohlenstoff aus dem großen Kohlensäurevorrat. Zu diesem Kohlenstoff muß sie bei ihrer aufbauenden Arbeit eine ganz bestimmte Menge Stickstoff hinzufügen, geradeso, wie etwa ein Maurer beim Bau zu einer bestimmten Anzahl Steine eine bestimmte Menge Mörtel braucht. Entstehen jetzt unablässig viele Zellen in der Wassermasse, so ist nach einer gewissen Zeit der geringe Stickstoffvorrat verbraucht. Dann ist es natürlich vorbei mit der weiteren Hervorbringung. So bestimmt also der Stickstoff die Menge der entstehenden Zellen, während die Kohlensäure und alle andern Stoffe, weil sie zur Genüge vorhanden sind, keinen ausschlaggebenden Einfluß auf diese Menge ausüben. Sie können nicht weiter verwertet werden, da kein Stickstoff mehr da ist. In einem andern Falle mag es der Phosphor sein, an dem verhältnismäßig der größte Mangel herrscht. Dann hat wieder der Stickstoff keinen maßgebenden Einfluß.

Man nennt diese Stoffe, die in verhältnismäßig geringster Menge, im „Minimum" vorhanden sind und daher auf die Menge der entstehenden Zellen den entscheidenden Einfluß haben, die Minimumstoffe und bezeichnet den hier beschriebenen Zusammenhang als das Gesetz des Minimums. Dies Gesetz, aus dem nun auch verständlich wird, warum wir früher immer auf Phosphor und Stickstoff besonders geachtet haben, gilt übrigens nicht für das Meer allein, sondern es ist noch viel besser erwiesen für das Land, wo es eine große wirtschaftliche Bedeutung hat. Wenn z. B. ein Ackerboden verhältnismäßig am wenigsten Stickstoff hat, so düngt man ihn etwa mit Salpeter und kann dadurch seinen Ertrag steigern. Fehlt es ihm aber an Kali, so nützt eine Stickstoffdüngung gar nichts, sondern bleibt ungenutzt, sofern nicht gleichzeitig genügend Kali zugefügt wird.

Wir wissen, daß die große Masse der Nährstoffe für die

Landpflanzen im Boden liegt, und daß an ihn die Stoffe zurückgegeben werden, wenn die Pflanzen ihr Leben abgeschlossen haben. Wie steht es damit im Meere? — Ein Lebewesen, das stirbt, sinkt im allgemeinen langsam in die Tiefe. Dabei beginnt sein Körper sich zu zersetzen. Je tiefer hinab es gelangt, um so weiter wird der „Abbau" fortschreiten. Und so verstehen wir jetzt recht gut, warum jene Lager von ursprünglichen Nährstoffen, z. B. von einfachen Verbindungen des Stickstoffs und Phosphors, in der Tiefe liegen.

In der Tiefe aber können Pflanzen (im gewöhnlichen Sinne des Wortes) nicht leben. Sie bedürfen ja unumgänglich zum Leben des Lichts, und dort unten gibt es kein Licht. Die Landpflanzen ziehen selbst aus dem Boden die Nährstoffe ans Licht empor. Unsere kleinen Meerespflanzen können sie nicht wieder heraufholen, ganz abgesehen davon, daß es sich hier um viel zu große Tiefen, um Hunderte von Metern handelt. Andere Kräfte müssen also die Stoffe in die so reich belebte durchlichtete Oberflächenschicht hinaufbringen, müssen für die dort lebenden Pflanzen arbeiten. Es sind die Kräfte des Wassers, es ist das bewegte Wasser selbst. Wenn irgendwo Wasser aus der Tiefe emporsteigt, so wird es neues Leben da hervorbringen, wo es wieder in die Lichtzone eintritt. So erhebt sich also hier noch eine letzte wichtige Frage: Wo und wie werden Wassermassen der Tiefe an die Meeresoberfläche emporgeführt?

Bei der Besprechung unserer Planktonkarte haben wir bereits zwei Beispiele dieses Vorganges erwähnt, die nun hier noch etwas genauer besprochen werden mögen. Jener Wasseraustausch in den südlichsten Breiten unserer Karte, der zu immer erneuter Düngung der Oberflächenschicht führt, beruht in letzter Hinsicht auf den Temperaturverhältnissen. In dieser Zone kühlt nämlich sowohl zur Winterszeit im großen wie auch in jeder einzelnen Nacht im kleinen, ferner auch durch das Schmelzen von Eis im Sommer die Meeresoberfläche beträchtlich ab. Nun ist kühles Wasser schwerer als warmes, es kann daher im allgemeinen nicht über wärmerem Wasser ruhen. Es muß untersinken. Dadurch wird dann das Tiefenwasser an die Oberfläche gedrängt. Überall in der

ganzen kühlen Zone wird dieser Austauschvorgang stattfinden, an gewissen Stellen noch verstärkt durch andere
Kräfte, die Tiefenwasser emportreiben, und infolgedessen
wird in jenen Breiten eine Durchmischung der Wassermassen
eintreten, die jene Düngung der oberen Schichten mit den
Nährstoffen der Tiefe zur Folge hat.

Unser zweiter Fall war der des Aufsteigens von Wasser
an der afrikanischen Küste. Das ist nicht durch die örtlichen
Verhältnisse bedingt, sondern es erklärt sich als Teilwirkung
in dem großen Gesamtkreislauf der Oberschichten des Ozeans.
Die bedeutendsten Meeresströmungen sind „Triftströme“,
welche der Wind erzeugt. Die beiden Passatwinde, der Nord-
ost- und der Südostpassat, treiben die Wassermassen in vorwiegend westlicher Richtung quer über den Ozean. Sie drängen sie von der afrikanischen Küste weg. Daher muß in den betreffenden Gegenden ein Ersatz von Wasser eintreten. Das geschieht nun zum Teil durch Zustrom von Norden und Süden, zu
einem wesentlichen Teil aber auch durch

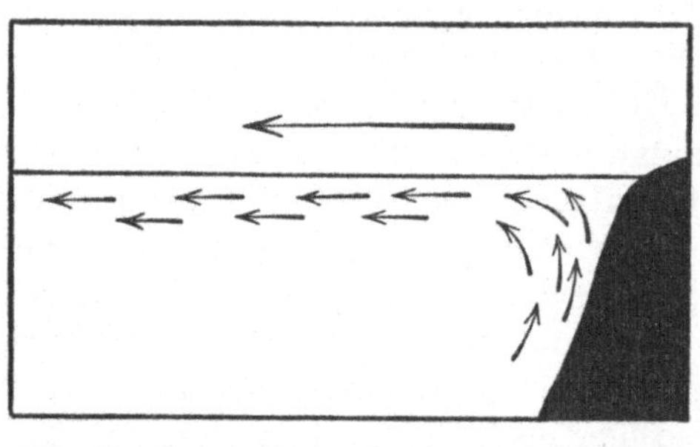

Abb. 16. Durchschnitt durch ein küstennahes
Meeresgebiet mit ablandigem Winde. Der große
Pfeil gibt die Windrichtung an, die kleinen Pfeile
die Richtung der Wasserbewegung.

Empordringen von Wasser aus der Tiefe (Abb. 16). Das
Tiefenwasser wird gleichsam mittelbar durch die Wind-
wirkung emporgesogen. Damit ist dann auch hier der Reichtum an Nährstoffen und die Planktonwucherung befriedigend
erklärt.

Es gibt in dem großen Kreislauf der Wassermassen des
Ozeans noch andere Wege, auf denen Tiefenwasser empor-
gehoben wird, aber unsere beiden Beispiele enthalten doch
die physikalischen Grundlagen für sie alle. Immer handelt
es sich entweder um einen Ausgleich der Schichtung der
Wassermassen an Stellen, wo schwereres Wasser über leich-

terem liegt, oder um ein Emporgedrängtwerden im Zusammenhang der großen ozeanischen Wasserverschiebungen.

Und hiermit halten wir nun endlich das letzte Glied unserer langen Gedankenkette in Händen. Wir überschauen jetzt, wie das überall in seinem Innern bewegte Weltmeer ursprüngliche Nährstoffe an die Oberfläche emporträgt, sie dort ausbreitet und sie den Pflanzen darbietet, wie die Sonne ihnen das Licht spendet, welches sie zur Aufnahme der Nahrung bedürfen, wie dann auf Kosten der Pflanzen Tiere hervorgebracht werden, von den kleinsten bis zu den größten hinauf. Wir sehen auch, wie all diesem reichen, bunten Entstehen von Leben ein ebenso unablässiges Vergehen gegenübersteht, wie alles, was in den großen Wassermassen geboren wurde, wieder vergeht, zerfällt, sich selbst zurückgibt an das unerschöpfliche Meer.

16. Vom Äquator zum Eismeer.

Wir haben nun so viel von Ernährung und Nährstoffen gesprochen, daß der Eindruck entstanden sein könnte, als käme es darauf im wesentlichen nur allein an. Zweifellos kommt es am meisten auf sie an, wenn wir nach den Mengen der Lebewesen, nach der Dichte der Besiedelung des Wassers fragen. Sicherlich ist auch insofern diese Seite der Sache von größter Bedeutung, als die Ernährung das ist, was die vielen Einzelwesen zu einer Ganzheit vereinigt, was den Aufbau eines Gesamtlebens im Ozean möglich macht.

Wir sind zu dem Schluß gekommen, daß die Menge der Nährstoffe auch die Verteilung des Planktons hochgradig bestimmt. Wie steht es doch mit dieser Angelegenheit bei den Pflanzen und Tieren des Landes? Verteilen sich die auch nach Maßgabe der Menge der Nährstoffe? Scheinbar doch nicht! Wir wissen ja, daß hier für die Verteilung im großen die Klimagebiete vorwiegend maßgebend sind, daß wir z. B. eine Wüstenflora von der der Steppe und des Urwaldes in offenbarer Abhängigkeit von den Feuchtigkeitsverhältnissen, daß wir eine tropische Pflanzenwelt von der der gemäßigten

Zonen und der Polargebiete unterscheiden können, daß die Verbreitungsgebiete der Pflanzen- und Tierformen offenbar durch die Wärme vorwiegend bestimmt werden.

Aber — nicht wahr? — das ist ja eine ganz andere Betrachtungsweise, die wir da anwenden. Beim Meere sprachen wir von der Mengenverteilung ohne Rücksicht auf die einzelnen Arten, hier sprechen wir von der Artenverteilung ohne Rücksicht auf die Mengen der Pflanzen und Tiere. Das ist ja ein ganz anderer Gesichtspunkt. Wenden wir ihn auf das Meer an, so werden wir auch hier zu ganz andern Ergebnissen kommen. Wir wollen also nun einmal fragen, welchen Einfluß die Wärme auf das Leben im Meere, zunächst auf die Verteilung der Lebewesen ausübt. Von Wirkungen der Temperatur war ja schon hier und da die Rede, hauptsächlich insofern, als von den Temperaturunterschieden zum Teil die Wasserbewegungen abhängig sind und damit auch die Planktonverteilung. Auf dem neuen Wege aber wird uns die Wärme beträchtlich einfacher und deutlicher als beherrschende Macht vor Augen treten. Sie wird uns geradezu eine ganz neue Ansicht von unserm Gegenstande verschaffen.

Wenn wir unsere Heimat verlassend südwärts fahren, so drängt sich ja der Eindruck von Zonen des Meereslebens schon bei der Betrachtung der großen Tiere der Wasseroberfläche lebendig auf. Wir waren in das Reich der fliegenden Fische eingetreten, die nun Tag für Tag durch viele Breitengrade in silberglänzenden Flügen über das blaue Meer hinjagen. Allmählich aber, je weiter wir südwärts kommen, werden sie wieder spärlicher und spärlicher. Statt dessen drängen sich neue, fremde Bilder des Lebens dem Auge auf. Eines Tages fliegt ein mächtiger Vogel am Schiff vorüber, so groß, wie wir noch niemals einen zu Wasser oder zu Lande gesehen haben. Mit wundervoll ruhigen, großen Flügelschlägen gleitet er langsam dahin — der erste Albatros. Bald darauf erscheinen Vögel, welche in Gestalt, Größe und Farbenzeichnung an Tauben erinnern. Die Seeleute nennen sie Kaptauben, wohl nach dem Kap der Guten Hoffnung, in dessen Umgebung man sie häufig antrifft. Und von nun an folgen fast ununterbrochen Vögel, oft in großer Zahl,

64

dem Schiff. Der ganze Süden bis zum Eise des südpolaren
Festlandes hinab ist überall, auch weit entfernt von allem
Lande, erstaunlich reich daran. Wenn wir ein paarmal täglich vom Achterschiff aus diese Vögel zählen, aus unsern
Zahlen Durchschnittswerte berechnen und uns diese irgendwie bildlich zur Anschauung bringen (Abb. 17), so werden
wir einen lebendigen Eindruck davon gewinnen, wie allmählich die wenigen kleinen Sturmschwalben der Tropen durch
eine erstaunlich reiche, bunt gemischte Vogelschar abgelöst
worden sind.

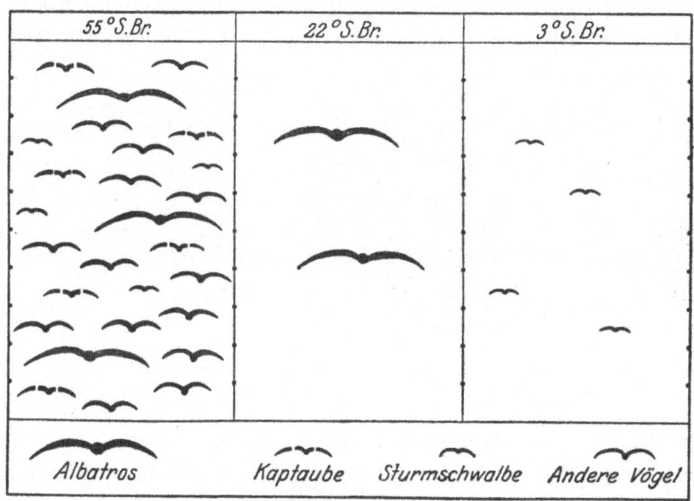

Abb. 17. Häufigkeit der Vögel unter drei verschiedenen Breiten des
Atlantischen Ozeans.

Mit den Flugfischen, mit den schönen meerblauen Seglern, den Blasenquallen und manchen andern Bewohnern
der Meeresoberfläche ist auch von den Nachtschönheiten der
Tropengewässer vieles verschwunden. Oft in den Nächten,
wenn wir Kühlung an Deck suchten, sahen wir hinter dem
Schiff helleuchtende Flecken auftauchen, auch walzenförmige
glühende Körper, die im Schraubenwasser des Schiffes um-
hergewirbelt wurden, manchmal in solchen Mengen, daß hinter dem Schiff eine Lichterfülle herzog, die uns an das Bild

eines brennenden Weihnachtsbaums erinnerte. Leuchtquallen und Feuerwalzen (Abb. 18) erfüllten das Wasser nebst vielem andern leuchtenden Getier. Das ist nun vorüber. Das Meerleuchten ist viel spärlicher geworden; nur noch zerstreute kleine Funken blitzen im Wasser auf. Und am Tage erscheint das Meer weniger rein in seiner Färbung, weniger vollkommen blau; seine Farbe geht mehr in trübe, etwas grünliche Töne über.

Hie und da tauchen Wale auf. Prachtvoll heben sich die mächtigen Körper aus dem Wasser, stoßen fauchend einen Dampfstrahl in die Luft empor und verschwinden wieder. Weiter südwärts vergeht kaum ein Tag, an dem wir nicht

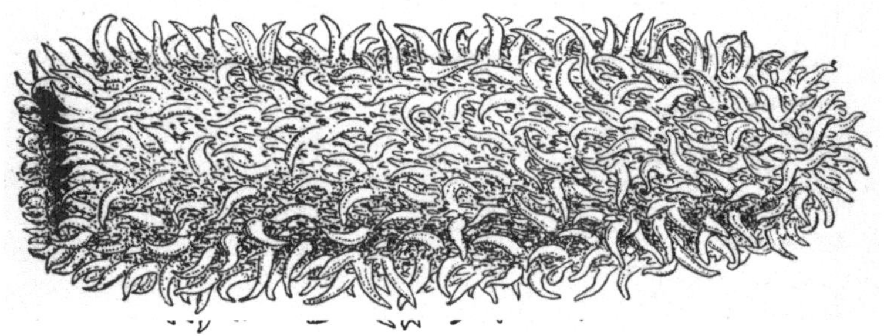

Abb. 18. Feuerwalze, etwas verkleinert.

ein paar von ihnen erblicken. Auch Walfischfänger begegnen uns. Und schließlich erscheint strahlend in blauen und weißen Lichtern der erste Eisberg. Kalt ist das Wasser geworden, und wenn wir unser Netz hineintauchen, fangen wir ganz andere Dinge, als wir ehedem in den sonnenheißen blauen Fluten unter dem Äquator gefunden hatten. Meist ist das Eimerchen unten am Netz von einer braungrünen schleimigen Masse erfüllt, die sich unter dem Mikroskop in eine Fülle der zierlichsten Gestalten auflöst. Das sind die Kieselalgen, die in so erstaunlicher Üppigkeit das kalte Südwasser wie auch das des hohen Nordens bewohnen.

Es ist eine herrliche Sache, so von Zone zu Zone die langsamen Wandlungen des Lebens verfolgen zu können. Und es ist eine verhältnismäßig einfache Sache, sie wenigstens

66

in ihren Grundzügen ursächlich zu verstehen. Viel einfacher als jene Verteilung des Lebens nach seinen Mengen, seiner Dichte, die uns früher beschäftigt hat.

17. Lebenszonen des Weltmeers.

In den Schiffstagebüchern, in denen die Schiffsoffiziere täglich ihre Beobachtungen über Wind und Wetter, über Himmel und Meer nach bestimmten Regeln aufzeichnen, finden sich oft auch Angaben über das Leben auf dem Ozean. Die größte Sammlung solcher Tagebücher besitzt die Deutsche Seewarte in Hamburg; und sie hatte daher die Möglichkeit, die Fülle der Beobachtungen über die Verbreitung von allerlei Seetieren in Karten einzutragen. Daraus können wir nun einfach ablesen, wie weit z. B. zu beiden Seiten des Äquators die fliegenden Fische nach Norden und Süden gehen (Abb. 19). Die Lage ihrer Nord- und Südgrenze ist im Sommer und Winter verschieden; je nach dem Stande der Sonne scheint sich die ganze Masse dieser Fische nordwärts oder südwärts zu verschieben. Dieser besondere Umstand zusammen mit der Grundtatsache ihres Fehlens in den höheren Breiten läßt kaum einen Zweifel darüber zu, daß in erster Linie die Wassertemperatur den fliegenden Fischen ihre Grenzen setzt. Es kommt aber noch ein dritter Beweisgrund hinzu. Die Grenzen der Verbreitung entsprechen nicht einfach den Breitengraden, sondern vielmehr ähneln sie einigermaßen den Linien gleicher Oberflächentemperatur (Isothermen). Wenn z. B. im Südatlantischen Ozean die Linie, welche das Wasser von mehr als 20 ⁰ Wärme von dem von weniger als 20 ⁰ scheidet, im Osten, an der afrikanischen Seite, sich stark nach Norden ausbiegt, so macht die Grenze der fliegenden Fische diese Ausbiegung einigermaßen mit, wenn auch natürlich eine genaue Übereinstimmung der Grenzlinien nicht zu erwarten ist.

Was dies eine Beispiel mit einfachen Mitteln erkennen läßt, kann man an tausend andern nachweisen. Es gibt insbesondere eine große Menge von Tieren und Pflanzen, welche des warmen Wassers für ihr Leben bedürfen. Mit welcher

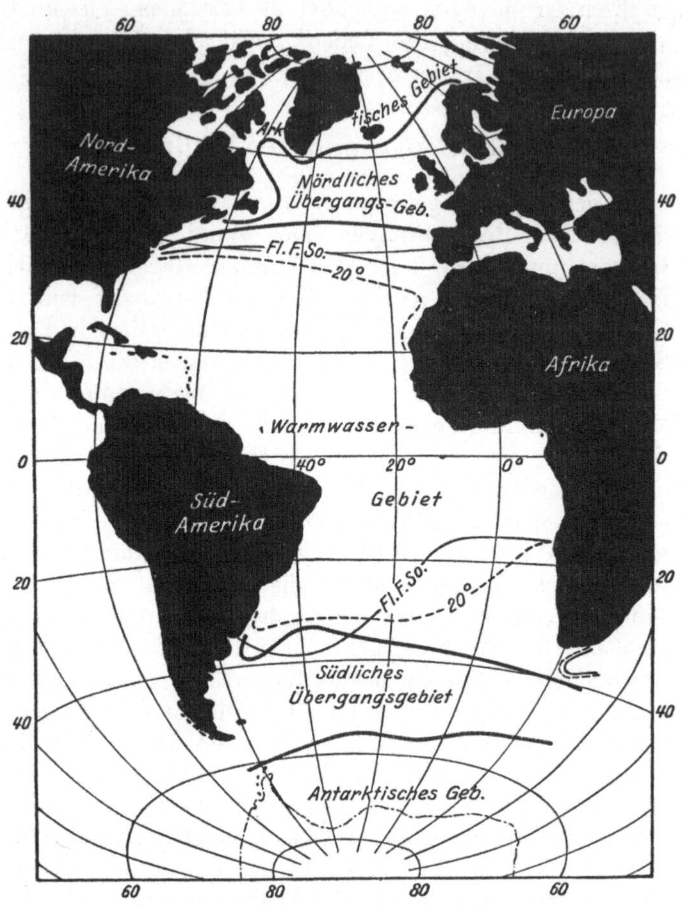

Abb. 19. Hauptgebiete des Planktons im Atlantischen Ozean.
Fl. F. So. Grenzen der fliegenden Fische im (nördlichen bzw.
südlichen) Sommer. Die gestrichelten Linien sind die Isothermen
des Oberflächenwassers für 20° C.

Ausschließlichkeit allerdings, das ist sehr verschieden. Die
Grenzen ihres Vorkommens nach Norden und Süden können
weiter oder weniger weit hinausgeschoben sein. Es gibt Formen, welche fast nur rein tropisch sind, während andere bis
an die Grenzen der Polargebiete vordringen. Diese letzteren

sind offenbar weniger empfindlich für Temperaturunterschiede. Auch ganze Verwandtschaftsgruppen von Tieren oder Pflanzen können mehr oder weniger auf das Warmwasser beschränkt sein, so etwa wie die Palmen auf warme Länder. Entweder fehlen sie in den beiden kalten Zonen ganz oder sie dringen nur mit einer oder der andern einzelnen Art in die polaren Gewässer vor, während sie die Tropen in beträchtlicher Formenfülle besiedeln. Die drei Hauptgruppen der Pflanzen, welche ich früher beschrieb, sind in der Weise verteilt, daß die Coccolithophoriden und Peridineen das Warmwasser entschieden bevorzugen, die Diatomeen aber besonders gut im kühlen und kalten Wasser gedeihen.

Es gibt also auch Formen, welche in den Tropen gar nicht oder nur selten, zuweilen auch nur in den tieferen Wasserschichten, wo es kühler ist, gefunden werden. Sie bewohnen die Zonen mäßiger Temperaturen oder geradezu das kalte Wasser. Gewöhnlich sind sie dann entweder auf den Norden oder auf den Süden beschränkt. Obwohl die beiden kalten Zonen ja in ihren Lebensbedingungen außerordentlich ähnlich sind, ist doch ihre Trennung voneinander durch das weite Zwischenstück der Tropen so wirkungsvoll, daß ein irgendwie wesentlicher Ausgleich ihrer Bevölkerungen nicht stattgefunden hat. So ist z. B. auch, was sich besonders auffallend der Anschauung darbietet, die Besiedelung mit Seevögeln im hohen Norden und hohen Süden ganz verschieden. Dort gibt es neben vielen Möwen nur eine Art von Sturmvögeln, hier eine Menge Sturmvögel (zu denen auch die Albatrosse und Kaptauben gehören), aber fast keine Möwen.

Eine Anzahl Fälle der Übereinstimmung zwischen Nord und Süd gibt es nun aber doch. Gewisse Flügelschnecken z. B. (Abb. 20), die im hohen Norden das Wasser oft massenhaft bevölkern, auch als Nahrung der Walfische eine wesentliche Rolle spielen, treten im fernen Süden wieder auf. Und so einige wenige andere Tiere. Wie das zu erklären ist? Das ist schwer zu sagen. Ja, etwas Beweisbares ist davon überhaupt nicht zu sagen. Vermutungen darüber sind verschiedentlich ausgesprochen und zum Teil recht einleuchtend begründet worden. Wir wollen auf sie nicht genauer eingehen, sondern uns auf die Feststellung der Tatsache dieser „Bipolarität“ (d. h. Zweipoligkeit) mancher Arten beschränken.

Nur wird es vielleicht von Wert sein, wenn wir über die Methode einiger von jenen Erklärungsversuchen eine Bemerkung einfügen, denn aus ihr können wir noch etwas wesentlich Neues über das Leben im Weltmeer lernen. Diese Methode ist nämlich zum Teil ganz anderer Art als alle bisher von uns benutzten: sie ist mehr oder weniger geschichtlich. Sie geht von der Annahme aus, daß das jetzt Getrennte zur Zeit weit zurückliegender Vorfahren einmal im Zusammenhang gestanden haben muß. Und das wohl mit einem gewissen Recht. Man kann im allgemeinen nicht daran zweifeln, daß die Tiere oder Pflanzen, welche wir wegen ihrer großen Übereinstimmung untereinander zu einer und derselben „Art“ rechnen, wie in unserm Falle jene Flügelschnecken des Nordens und Südens, alle von gemeinsamen Vorfahren abstammen. Wenn die Nachkommen heute getrennt leben, so ist es doch höchst wahrscheinlich, daß die Vorfahren zusammenlebten. Diesen geschichtlichen Gedankengang wollte ich, wenn er auch immer nur auf Vermutungen führen kann, hier erwähnen, um darauf aufmerksam zu machen, daß sich nicht alle Züge in der heutigen Besiedelung der Ozeane allein aus den heutigen Lebensverhältnissen verstehen lassen.

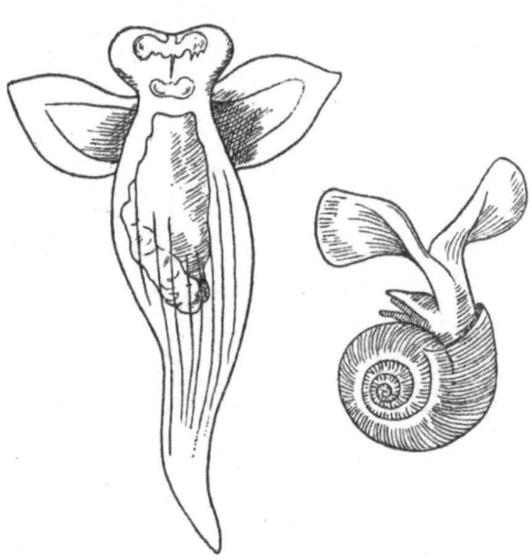

Abb. 20. Flügelschnecken der Eismeere, eine nackte und eine beschalte Art.

Was hier zusammengestellt ist über die zonenweise wechselnde Besiedelung des Weltmeers durch Tiere und Pflanzen, gründet sich auf viele sehr sorgfältige und mühsame Einzeluntersuchungen besonderer Kenner der verschiedenen

Gruppen von Lebewesen. Ich konnte nur zusammenfassend wiedergeben, was sie berichten. Bis zu einem gewissen Grade aber können wir uns durch unmittelbare Anschauung selbst vom Wechsel der Lebenszonen überzeugen, wenn wir uns nicht an die einzelnen Arten, sondern an die ganzen Lebensgemeinschaften halten, wie sie uns in den Planktonproben unter dem Mikroskop gleichsam abgebildet vorliegen. Die Bilder von ein paar solchen Proben, welche ich hier einfüge (Abb. 21), sind um so ausdrucksvoller, da auch das Mengenverhältnis der Arten in ihnen mit zur Anschauung kommt. Der Unterschied der warmen von den kalten Gewässern (vgl. auch Abb. 13) tritt deutlich hervor. Noch auffallender würde das sein, wenn wir auch eine nordpolare oder wenigstens nordische Gemeinschaft hier mit zur Abbildung bringen könnten. Die weitgehende Ähnlichkeit mit der südlichsten Probe, hauptsächlich der Reichtum an Diatomeen in beiden, würde stark in die Augen springen.

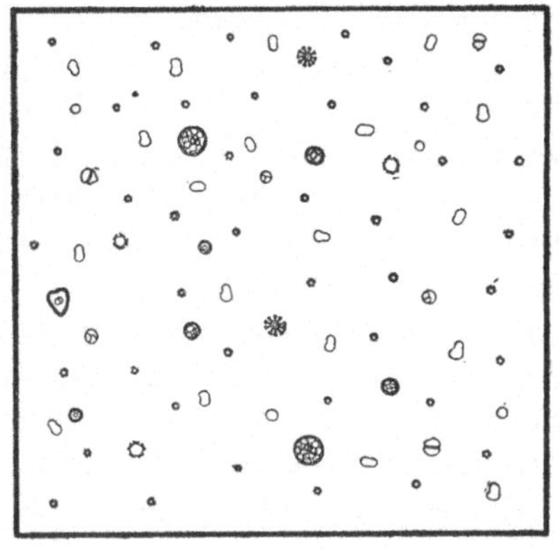

a

b

Abb. 21. Planktongehalt in je 10 ccm Wasser aus 50 m Tiefe, *a* aus $32^1/_2°$ S. Br., *b* aus 55° S. Br. des Atlantischen Ozeans.

18. Das verlöschende Licht.

So greift also die Strahlung der Sonne ordnend und scheidend in die Besiedelung der Ozeane ein. Den Zonen der Temperatur entsprechen Zonen der Lebewesen.

Hier gibt es nun aber noch einen Punkt von beträchtlicher Wichtigkeit, an dem wir uns leicht über das Maß unseres wirklichen Wissens täuschen. Daß die Bestrahlung der Erde durch die Sonne die besprochenen Erscheinungen zur Folge hat, ist wohl außer Zweifel. Aber wieweit diese Strahlen nun als Wärme wirken, wieweit als Licht — wer vermöchte das zu sagen? Wir wissen ja, daß das Licht, oder sagen wir besser, daß die nicht als Wärme wirksamen Strahlen der Sonne für das Leben der Pflanzen von grundlegender Bedeutung sind. Aber wir können nichts Bestimmtes darüber berichten, wieweit infolgedessen bei jener Gliederung des Lebens nach den Zonen der Erde diese Strahlung mitwirkt.

Aussagen über die Wirkungen des Lichts im Ozean sind um vieles schwieriger als solche über die Wirkungen der Wärme. Teils weil sich das Licht nicht so schnell und einfach messen läßt wie die Temperatur, teils weil es aus vielen verschiedenen Strahlensorten zusammengesetzt ist, die sich verschieden gegen das Wasser verhalten und sehr verschiedene Wirkungen ausüben, teils, weil im Laufe eines Tages von Stunde zu Stunde die Lichtwirkung sich beträchtlich ändert. Nur in einem Falle erkennen wir ganz klar die maßgebende Wirkung des Lichtes, und dieser soll hier nun eingehender besprochen werden, weil wir da wieder festen Boden unter den Füßen haben, und weil er einer der wichtigsten Gegenstände in unserm ganzen Gedankenkreise ist.

Es handelt sich um den Übergang von der Meeresoberfläche zur Tiefe.

Indem wir uns dieser Frage zuwenden, überschreiten wir zum ersten Male eine Grenze, die wir uns bisher unausgesprochen gesteckt hatten. Bisher war ja immer nur von den obersten Wasserschichten, sozusagen nur von der Haut des Meeres die Rede gewesen. Zum ersten Male wollen wir uns nun tiefer in das Innere hineinwagen.

Finsternis ist die auffallendste Eigenschaft dieses Innern. So wunderbar klar und durchsichtig das rein blaue Wasser warmer Meere manchmal ist, so nimmt doch das Licht in ihm schnell ab. Man pflegt die Durchsichtigkeit des Wassers zu untersuchen, indem man eine große weiße Scheibe an einem Tau hinabsenkt und feststellt, in welcher Tiefe sie dem Auge verschwindet. Die größte Tiefe, welche man unter günstigsten Verhältnissen dabei gefunden hat, war 66 m. In 200 m Tiefe erhebt sich die Helligkeit sicherlich nie über ein schwaches Dämmern, in 400 m dürfte selbst der Mittag eines völlig klaren Tages bei senkrechtem Stande der Sonne kaum noch für unsere Augen wahrnehmbar sein. Aber das Meer ist im Durchschnitt 4000 m tief. Nur ein Zehntel der großen Wassermasse nimmt also am Lichte teil, und nur ein Hundertstel etwa genießt unter günstigen Verhältnissen für eine Reihe von Stunden wirklicher Tageshelle.

Nun ist aber festgestellt worden, daß im Mittelmeer noch in 1500 m Tiefe eine photographische Platte die Wirkung des Lichtes erkennen läßt. Ist diese Wirkung auch nur eine ganz geringe, so verschiebt sie doch die Sachlage beträchtlich. Denn gerade die Strahlen, welche chemische Veränderungen auf einer solchen Platte hervorbringen, können ja vielleicht auch für die chemischen Vorgänge in den Lebewesen sehr wesentlich sein. Die im weißen Licht enthaltenen verschiedenartigen Strahlensorten, die auf unser Auge als verschiedene Farben wirken, werden verschieden schnell vom Wasser verschluckt. Blaue und violette Strahlen gehen am tiefsten hinab. Für diese aber ist unser Auge verhältnismäßig schwach empfindlich, die photographische Platte dagegen besonders stark. Da könnten also mancherlei Wirkungen der Sonnenstrahlung im Leben der Tiefsee stattfinden, die sich uns einstweilen noch verbergen. Immerhin — wir können feststellen, daß das Verhalten der Tiere und Pflanzen im großen und ganzen dem entspricht, was wir nach der Beurteilung der Sonnenstrahlung durch unser Auge erwarten sollten. Offenbar herrscht auch für sie im allgemeinen in 200 m Tiefe nur noch Dämmern, in 400 m Finsternis.

Die Pflanzen bedürfen des Lichts. Wenn nun das Licht

abnimmt, so sollten wir annehmen, daß auch die Pflanzen abnehmen. Und das ist tatsächlich der Fall. Schon in 200 m Tiefe ist das Pflanzenleben so gut wie vernichtet. Allerdings gibt es immer Einzelvorkommnisse in noch wesentlich größeren Tiefen, die wir nicht recht zu erklären vermögen, aber sie ändern nichts an der Tatsache, daß im allgemeinen das Pflanzenplankton nur in der gut durchleuchteten Schicht gedeiht und schon zwischen 5o und 100 m Tiefe sehr beträchtlich abnimmt.

Als eine Besonderheit beobachten wir noch, daß das Plankton an der Oberfläche, das sonst bei weitem das aller tiefer gelegenen Schichten an Menge übertrifft, unter den Tropen oft nicht stärker oder gar schwächer als in 5o m Tiefe ist. Das deutet wohl darauf hin, daß die Lichtfülle der senkrecht niederstrahlenden Sonne unter Umständen auch *zu* groß werden und das Leben beeinträchtigen kann. Das stärkste Licht ist nicht auch unbedingt das günstigste. Ja, es gibt eine ganze Reihe von Formen, die überhaupt die lichtreichsten Gewässer meiden, die regelmäßig erst in einer gewissen Tiefe ihr bestes Gedeihen zeigen, nämlich zwischen 100 und 200 m.

Wir wissen ja, daß unter den Landpflanzen gewisse das volle Sonnenlicht, andere mehr oder weniger den Schatten lieben. So spricht man auch in bezug auf das Meer von einer Lichtflora und einer besonderen Schattenflora. Wie wir Unterschiede des Gedeihens gemäß den Wärmeunterschieden in den verschiedenen Zonen der Erdoberfläche feststellen konnten, so haben wir hier Unterschiede gemäß den verschiedenen Schichten der Durchlichtung. Wie dort anzunehmen war, daß neben der Wärme das Licht mitwirke, so wohl hier das Umgekehrte. Aber die Verhältnisse sind doch klar genug, daß man behaupten kann, die Zonenbildung sei hauptsächlich eine Wärmewirkung, die Schichtenbildung eine Lichtwirkung.

19. Vom Sehen im Dunkeln.

Ähnliche unmittelbare Beziehungen zur Lichtminderung sind in der Verteilung der Tiere natürlich weniger zu erwarten. Allerdings, die Bevorzugung der obersten Schichten ist auch bei ihnen unverkennbar, aber man wird sie im allgemeinen nicht auf deren Lichtreichtum, sondern vorwiegend darauf zurückzuführen haben, daß die Tiere an ihre Pflanzennahrung und damit an die Schichten, wo Pflanzen leben, mehr oder weniger gebunden und somit erst mittelbar vom Licht abhängig sind. Doch wird ja eines für viele von ihnen das Licht auch unmittelbar zum Bedürfnis machen: das Sehen. Wie steht es damit in den dunkleren Wassertiefen? Ist denn Sehen überhaupt in der Tiefsee möglich? Und wenn es möglich sein sollte, *wie* ist es möglich? Das wäre nun hier unsere weitere Frage.

Wie bei den Pflanzen die Beziehung zum Licht durch das Blattgrün oder andere entsprechende Farbkörper, so kommt sie bei den höheren Tieren durch das Auge zum Ausdruck. Es gibt aber kaum ein Organ, das so deutlich und zugleich so vollkommen wie das Auge seinem Zweck angepaßt erscheint. In allen den vielen verschiedenen Formen, die es im Tierreiche annimmt, ist es immer wieder in wesentlichen Teilen seines Aufbaues ein einfacher physikalischer Apparat, dessen Wirkungsweise man ohne viel Schwierigkeiten versteht. Man versteht sie aus dem Bedürfnis des Tieres, Licht zu empfinden, und den Gesetzen des Lichts. Unter diesen Umständen ist es nun äußerst reizvoll, zu beobachten, was aus dem Auge wird, wenn das Licht der Sonne in den Tiefen des Meeres verlöscht.

Wir kennen heute eine beträchtliche Anzahl von Antworten auf diese Frage. Die Fische, die verschiedenen Gruppen der Krebse, die Tintenfische haben je auf mancherlei Weisen den Bann der Finsternis zu brechen gesucht. Sie haben sich irgendwie mit ihr abgefunden, teils indem sie sich ohne Sehen behalfen, teils indem sie ihre Sehorgane verbesserten, teils sogar, indem sie künstliche Beleuchtung einführten, so daß man doch wenigstens einigermaßen auch im Dunkeln sehen kann.

Künstliche Beleuchtung! — Es ist ja bekannt, daß das Vermögen, Licht zu erzeugen, unter den Bewohnern des Meeres weit verbreitet ist. Wir wissen längst, daß jenes oft so wundervolle nächtliche Leuchten des Meeres ein Wirken von lebenden Wesen ist. Bei den niedersten schon vorhanden, wird es bei den höchsten zu erstaunlicher Vollkommenheit entwickelt. Viele von den Einzelligen leuchten, sowohl Pflanzen wie Tiere, leuchten mit dem ganzen Körper, während die großen, hochentwickelten Tiere mit besonderen leuchtenden Flecken an bestimmten Körperstellen ausgestattet sind. Es ist also nicht etwa so, daß das Leuchten erst eigens für das Tiefseeleben — um einmal wie von menschlichen Dingen zu reden — „erfunden" worden wäre. Ja, man würde aller Wahrscheinlichkeit nach völlig fehlgehen, menn man annehmen wollte, daß das Leuchten überhaupt immer einen „Zweck" haben müsse. In vielen Fällen scheint es nur eine Nebenwirkung bestimmter chemischer Vorgänge im Körper zu sein. Manchmal kommt es dadurch zustande, daß leuchtende Bakterien in die betreffenden Organe der Tiere eingeschlossen sind, während das Tier selbst gar nicht zu leuchten vermag. So z. B. bei den herrlich in weingelbem Lichte leuchtenden Feuerwalzen tropischer Meere (Abb. 18). Aber da ist ja dann schon das höchst erstaunlich, daß die Tiere ganz regelmäßig und ausnahmslos jene fremden lebenden Leuchtkörperchen in sich aufnehmen und ganz bestimmte Organe für die Unterbringung dieser feurigen Gäste haben. Und wunderbar ist es, wie vielseitig und wie — man verfällt hier immer wieder auf allzu menschliche Ausdrücke — kunstvoll diese Fähigkeit, Licht zu erzeugen, für das Leben in der Tiefsee ausgenutzt ist. Das ist *wirklich* wunderbar; es gehört zu dem Erstaunlichsten, was das Meer hervorgebracht hat.

Wenn wir Menschen besser sehen wollen, als es uns eigentlich von der Natur gegeben ist, so setzen wir unser Auge mit vergrößernden optischen Apparaten in Verbindung, wie dem Feldstecher oder dem Mikroskop, oder wir verbessern die Beleuchtung unseres Gegenstandes, indem wir die Wirkung der natürlichen oder künstlichen Lichtquellen durch Spiegel, Linsen, Blenden u. dgl. erhöhen. Wir lösen so die schwierigen Aufgaben des Sehens. Auch hier handelt es sich um solche besonders schwierigen Aufgaben. Und das Leben hat, um sie zu lösen, mit seinem uns immer noch so rätselhaften Vermögen, zweckmäßig zu gestalten, dieselben optischen Hilfsmittel angewendet wie wir. Linsen, Spiegel, Blenden in bestimmten Größenverhältnissen, Stellungen und Anordnungen finden sich im Aufbau sowohl der Augen wie der Leuchtorgane. Die Ähnlichkeit dieser zweierlei ganz verschieden wirkenden Gebilde kann so weit gehen, daß mehrfach die Naturforscher Augen und Leuchtkörper miteinander verwechselt haben. Der Unterschied der beiden liegt bisweilen nur darin, ob eine Zellmasse, die sich im Grunde ihres etwa becherförmigen Körpers befindet, Lichteindrücke aufzunehmen oder Licht auszusenden befähigt ist.

Im ganzen sind aber diese Organe optisch recht gut verständlich. Man kann, wenn man sie genau nach der Natur abbildet, manchmal den Verlauf der Lichtstrahlen geradezu in sie einzeichnen, wie man sie etwa einzeichnet in das Bild eines Mikroskops. Man sieht leicht: Hier wird Licht gesammelt, dort wird es zerstreut, dort abgeblendet, hier ist ein Auge für größere Entfernungen und weitere Räume, jedoch für unbestimmtere Abbildung geeignet, dort muß es notwendig einen kleinen Fleck in der Nähe, diesen aber erstaunlich scharf wiedergeben, hier ist ein Auge groß, um möglichst viel vom spärlichen Lichte aufsammeln zu können, dort ist es ganz verkümmert, weil es nutzlos wurde in der Dunkelheit.

Doch damit wir endlich die Dinge etwas gegenständlicher sehen — ein paar Beispiele! Da haben wir einen Tintenfisch (Abb. 22), den die Deutsche Tiefsee-Expedition auf der „Valdivia" heimgebracht hat. Der Körper, den das Bild von der Unterseite zeigt, ist mit Leuchtorganen übersät. Sie sitzen an den Armen, um die Augen herum und an der Bauchseite in bestimmt angeordneten Gruppen. Von den Leuchtkörpern am Auge ist der mittelste ultramarinblau, die seitlichen glänzen perlmutterfarbig. Die beiden vorderen auf der Bauchseite sind rubinrot, die hinteren schneeweiß, mit Ausnahme des mittelsten, der himmelblau ist. Welch ein wunderbarer Glanz farbiger Lichter muß von dem kleinen Tier ausgehen!

Ferner: Ein Durchschnitt durch das Auge eines Krebses
(Abb. 23). Im Grunde ist das Organ so gebaut wie jedes In-
sektenauge, zusammengesetzt aus einer großen Anzahl Ein-
zelaugen, die unter den linsenartigen Gebilden der Oberfläche
einen Kristallkegel und im Hintergrunde lichtempfindliche
Stäbchen haben. Aber das Auge ist in zwei Abschnitte geteilt.

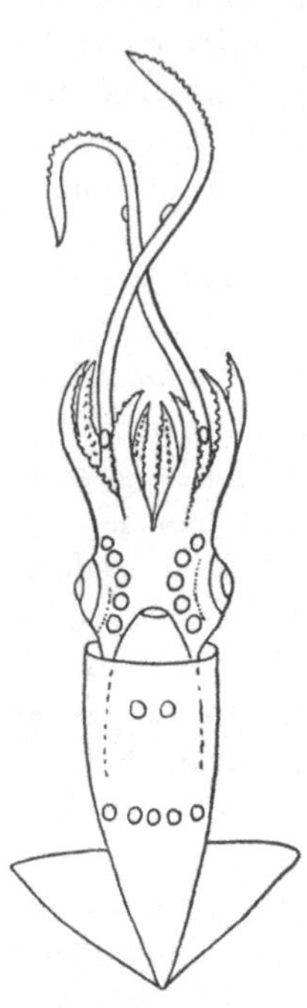

Abb. 22.
Tintenfisch der Tief-
see mit knopfförmigen
Leuchtorganen.

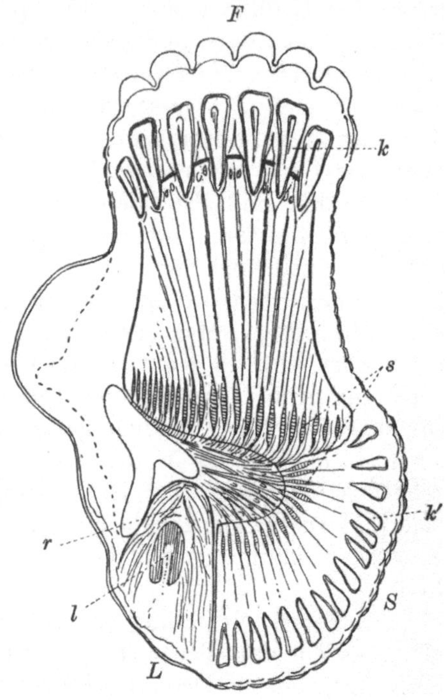

Abb. 23. Schnitt durch das Auge eines Tiefsee-
krebses. F Frontauge, S Seitenauge, L Leuchtorgan, k und k' Kristallkegel, s lichtempfindliche Stäbchen, l Leuchtkörper, r Reflektor

Nur der hintere, seitwärts gerichtete ist von gewöhnlichem
Bau, der vordere aber auffallend langgestreckt, so daß die
Linsen des Auges von der lichtempfindlichen Schicht auffallend weit entfernt liegen. Offenbar muß dies Auge ganz
anders sehen als das hintere. Die bedeutende Größe der einzelnen Augenteile und der Mangel an abblendendem schwar-

78

zem Farbstoff, der sich sonst in allen für die Lichtwelt bestimmten Augen reichlich zu finden pflegt, kennzeichnen das Gebilde als ein „Dunkelauge", ein Auge der Schattenwelt. Ganz anderes leistet offenbar der hintere, seitliche Augenteil: neben ihm ist ein Leuchtorgan zu erkennen, das offen-

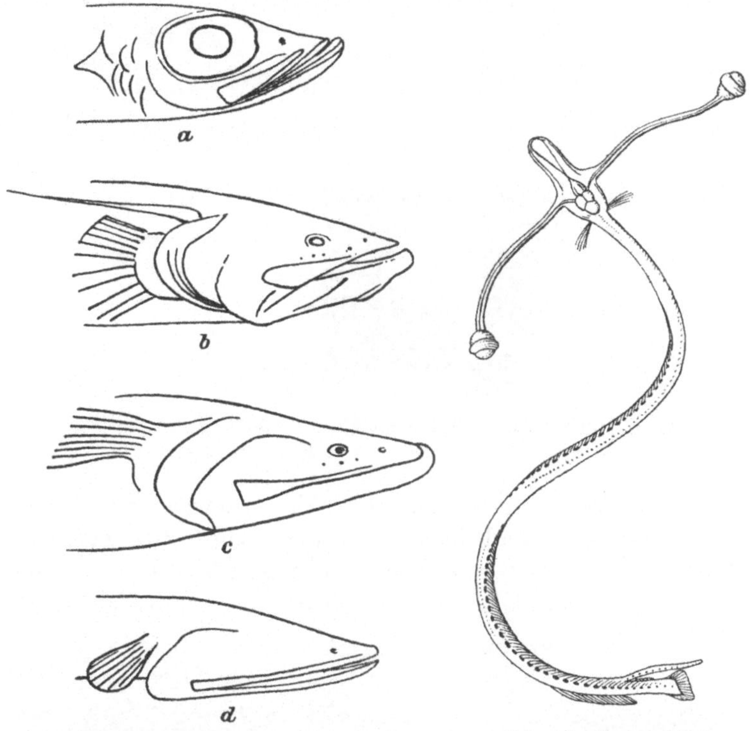

Abb. 24. Augengröße bei Tiefseefischen. *a* vergrößertes Auge (600 m Tiefe), *b* und *c* verkleinerte Augen (1000 und 3000 m), *d* Fehlen der Augen (5000 m Tiefe).

Abb. 25. Junger Tiefseefisch mit langgestielten Augen.

bar einen engen Raum erhellt, in den das Auge hineinblickt. Es ist also in gewissem Sinne ein Lichtauge.

Wundervoll sind zum Teil die Fische der Tiefsee mit Augen und Lichtern ausgestattet. Manche von ihnen allerdings haben das Ringen um Licht aufgegeben; ihre Augen sind mehr oder weniger verkümmert. Andere dagegen haben riesengroße Augen bekommen (Abb. 24). Gewisse Fischlarven besitzen gestielte, den Körper weit überragende und weit nach allen Seiten bewegliche Augen (Abb. 25), und zu den merkwürdigsten Gebilden gehören bei Fischen und Tintenfischen

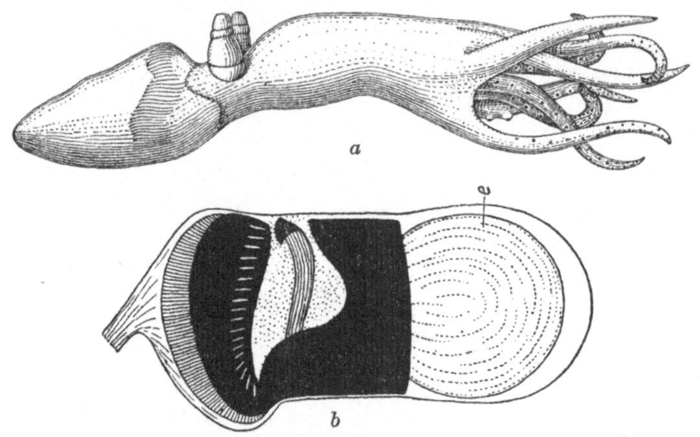

Abb. 26. *a* Tintenfisch mit Teleskopaugen, *b* Schnitt durch das Teleskopauge eines Tiefseefisches (*e* die große Linse)

die sogenannten Teleskopaugen. Sie erinnern, zu zweien nebeneinanderstehend, lebhaft an einen Feldstecher, der dem Kopf in der Augengegend aufgesetzt ist (Abb. 26 a). Führt man einen Schnitt durch ein solches Auge (Abb. 26 b), so

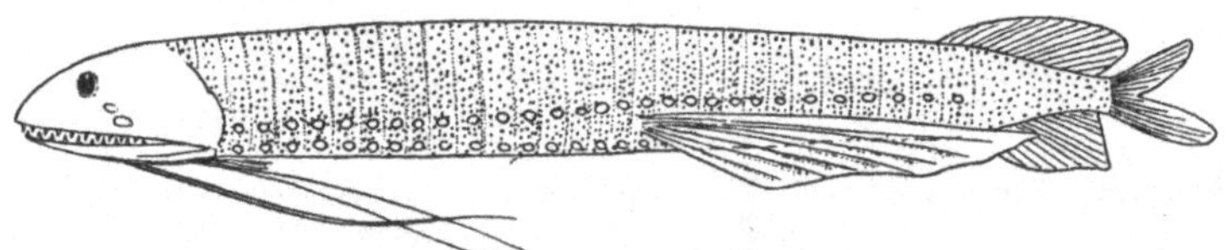

Abb. 27. Tiefseefisch mit Leuchtorganen unter dem Auge und längs der Seite des Rumpfes.

findet man vorn eine sehr große Linse und in verhältnismäßig weitem Abstande dahinter die lichtempfindliche Netzhaut. Zu verstehen ist das Ganze wahrscheinlich einfach als Ersatz für ein sehr großes Auge. Um die erwünschte große Menge des schwachen Lichts aufnehmen zu können, braucht

es unbedingt die große Linse, und infolgedessen würde es,
wenn es kugelig wäre, viel zu groß für den kleinen Körper
des Tieres sein. In der Wirklichkeit ist es nur in seiner
Längsachse stark ausgedehnt, in der Quere
aber nur soweit, wie es der Durchmesser
der Linse verlangt, nicht seitwärts darüber hinaus. Überhaupt ist, gerade wie
bei Nachttieren auf dem Lande, die Nei-
gung zur Vergrößerung der Augen die
häufigste und deutlichste Art der Anpas-
sung an geschwächtes Licht. Bei noch
tieferer Finsternis aber verkümmern die
Augen oder schwinden ganz, wie man das
auch bei den Tieren der Höhlen und tiefen
Brunnen beobachtet.

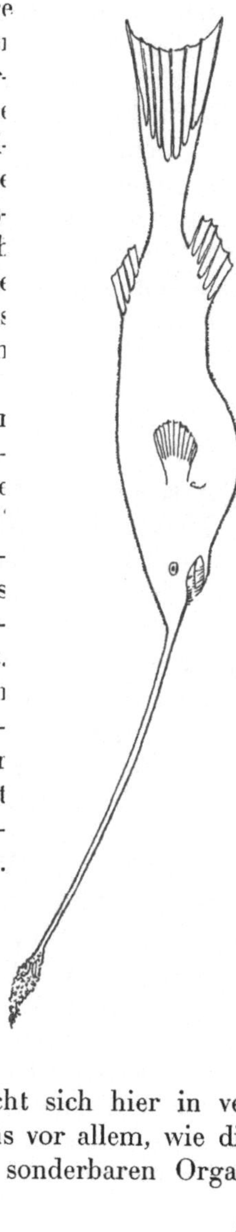

Leuchtorgane findet man häufig der
Körperseite entlang gleichförmig in langer Reihe angeordnet (Abb. 27). Wie
Schiffchen mit erleuchteten „Bullaugen"
müssen solche Fische im Schwimmen aussehen. Oft ist der Kopf und besonders
die Augengegend mit Leuchtkörpern verschiedener Gestalt und Farbe ausgestattet.
Manche von diesen Nachtwandlern tragen
auf langen, schwankenden Stielen later-
nenartige Gebilde weit vor sich her oder
hoch über ihrem Haupte (Abb. 28). Oft
sind die Leuchtorgane mit hohlspiegel-
artigen Reflektoren ausgestattet (Abb. 23).
Wir wissen auch mehr oder weniger
sicher, daß viele Tiere imstande sind,
ihre Lichter aufleuchten und verlöschen zu lassen. Es ist alles höchst
„praktisch" eingerichtet für ein Leben
in der tiefen Finsternis.

Verständliches und Rätselhaftes mischt sich hier in ver-
wirrender Weise. Rätselhaft bleibt es uns vor allem, wie dies
alles zusammenwirken mag, wie diese sonderbaren Organe

Abb. 28. Tiefseefisch mit langgestieltem Leuchtorgan.

in den Lebensgemeinschaften der Tiefsee zur Geltung kommen mögen. Man darf ja nicht vergessen, daß die Tiere hier spärlich durch ungeheure Räume verteilt sind. Möglich, daß sie sich in manchen Gebieten enger zusammenscharen, vielleicht dort, wo reichlicher Nahrung zufließt oder wo leuchtende Tiefseekorallen in größeren buschigen Beständen den Boden bedecken. Wir wollen nicht unsere Phantasie nach dieser Richtung hin auf Kosten unseres guten wissenschaftlichen Gewissens anstrengen. Es mag uns genügen, dies eine festzustellen: Das Leben in der Nacht der Tiefsee beruht zu einem wesentlichen Teil darauf, daß zahlreiche Tiere Nachtorgane auszubilden vermochten, die uns als solche aus physikalischen Gründen mehr oder weniger verständlich sind.

20. Wie sich's in der Tiefsee lebt.

Übt schon der Mangel an Licht von allen Eigenschaften der Tiefsee den auffallendsten Einfluß auf das Leben der Tiere aus, so sind doch auch in anderer Beziehung recht ungewöhnliche Verhältnisse vorhanden, die wir beachten müssen, wenn wir ein richtiges Bild vom Leben da unten gewinnen wollen. Zunächst ist der Druck der Wassermassen ein ganz außerordentlicher. Jede Wasserschicht von 10 m Tiefe übt ungefähr den Druck einer Atmosphäre aus. Somit stehen schon in 1000 m Tiefe die Tiere unter einem hundertmal so großen Druck wie die an der Oberfläche. Ein merklicher Einfluß dieses Druckes hat sich aber bis jetzt nicht nachweisen lassen. Wir müssen uns überzeugen, daß jene Bewohner der Finsternis ebensowenig von dieser Last spüren, die auf ihnen ruht, wie wir Bewohner des Lichts von dem Druck der einen Atmosphäre, die über uns lagert, und die doch auf jedem Quadratzentimeter unserer Körperoberfläche mit dem Gewicht eines Kilogramms lastet. Offenbar ist ebenso wie bei uns auch bei ihnen ein Gleichgewicht zwischen dem äußeren und inneren Druck eingetreten. Ja manche von diesen Tieren müssen imstande sein, wesentliche Unterschiede des Druckes ungefährdet zu überwinden, da sie in verschiedenen Zeiten ihres Lebens sich in ganz verschiedenen Tiefen aufhalten, ja wohl auch wie manche Wale innerhalb kurzer Zeiträume beträchtlich auf- und absteigen.

Was die Temperatur des Wassers betrifft, so ist die Tiefsee fast überall — das Mittelmeer bildet eine Ausnahme — kalt. Unter dem Äquator, wo die Wärme an der Oberfläche mehr als 25^0 beträgt, braucht man keine 400 m hinabzusteigen, um auf Temperaturen von nur 10^0 zu stoßen, und in den größten Tiefen sinkt die Wärme oft fast bis zum Nullpunkt hinab. Daß solche starken Unterschiede am Zustandekommen einer Schichtung des Lebens mitwirken werden, wie ja auch die Wärmeunterschiede der verschiedenen Breiten eine Zonenbildung in der Besiedelung der Oberfläche hervorgebracht haben, ist anzunehmen. Andererseits können wir nicht erwarten, daß sie so tief in die Gestaltung und Verteilung der Tiere eingreifen wie der Mangel an Licht.

Nicht viel anders ist es mit dem Sauerstoffgehalt des Wassers. Die Bewegung, welche in allen Teilen der gewaltigen Wassermassen stattfindet, trägt auch überallhin den an der Oberfläche aufgenommenen Sauerstoff. Es hat sich bis jetzt nicht nachweisen lassen, daß in den am schlechtesten durchlüfteten Teilen des Ozeans eine wesentliche Beeinträchtigung des Lebens stattfände. Immerhin ist es denkbar, daß Einflüsse der Herabsetzung der Wärme und des Sauerstoffs, zweier so lebenswichtiger Eigenschaften des Wassers, etwa in der Geschwindigkeit des Ablaufs der Lebensvorgänge in der Tiefe zur Geltung kommen werden.

Nun bleibt aber noch eine der wichtigsten Fragen: die der Ernährung in der Tiefsee. Wir haben davon gesprochen, daß es dort einfachste Nährstoffe in Menge gibt, aber keine Pflanzen, welche sie verwerten könnten. Damit bleiben sie auch für die Tiere nutzlos. Während also in den obersten Wasserschichten ein stufenweiser Aufbau des Lebens von den einfachsten, unabhängigsten Pflanzen bis zu den höchst abhängigen Raubtieren des Meeres stattfindet, kann etwas Derartiges in der Tiefe nicht geschehen. Die Nahrung der Tiefseetiere kann nicht an Ort und Stelle aus ihren einfachsten Bestandteilen aufgebaut werden. Sie muß irgendwo anders vorgebildet und hierher gefördert werden. Und es kann ja keinem Zweifel unterliegen, woher diese Nahrung kommen muß: offenbar doch nur aus den pflanzenreichen oberen Wasserschichten. Eine andere Quelle der „Urnahrung" gibt es für den offenen Ozean nicht. Alle die unzähligen Wesen des Planktons da oben sinken, wenn sie sterben, hinab in die dunkle Tiefe. Man hat von einem „Leichenregen" gesprochen, der ununterbrochen langsam überall durch die Tiefsee niederrieselt. Durch ihn ist die Lebensmöglichkeit für allerlei „Leichenzehrer" gegeben. Und weiterhin ist sie damit auch gegeben für viele Raubtiere. So ist also das ganze Leben in der Tiefsee im eigentlichsten Sinne des Wortes ein Anhang zu dem Leben in der dünnen lichterfüllten oberen Wasserschicht und in deren Lebenskreislauf, obwohl räumlich davon getrennt, mit einbezogen.

Man muß sich diesen Vorgang der Ernährung des tiefen Meeres wohl so vorstellen, daß von Stufe zu Stufe die absinkenden Reste toter Pflanzen und Tiere, aber auch Kotmassen und abgeworfene Körperbestandteile, z. B. von Tieren, die sich häuten, wiederholt bei dem Aufbau neuer Gestalten beteiligt sind. Das Absinken geschieht ja bei den kleinen Wesen des Planktons zumeist ganz außerordentlich langsam. So ist es wahrscheinlich, daß viele von ihnen einige Zeit nach ihrem Tode wieder aufgeschnappt, verdaut und zum Aufbau eines andern Körpers weiterverwendet werden.

Es gibt aber auch noch einen andern Weg der Umarbeitung solcher Abfallstoffe durch Lebewesen. Die noch ganz neuen Untersuchungen des Tiefenwassers mittels der Zentrifuge haben gezeigt, daß die häufigsten Plankter der Tiefsee gewisse kleine, ganz niedrigstehende Algen, die „olivgrünen Zellen" sind. Aller Wahrscheinlichkeit nach leben diese unscheinbaren, mehr oder weniger kugeligen Gebilde von im Wasser gelösten „organischen" Stoffen, welche beim Zerfall der abgestorbenen Tier- und Pflanzenleiber entstanden, aber noch nicht in ihre einfachsten „anorganischen" Bestandteile zerlegt sind. Solche Stoffe können nämlich, wie Versuche an Verwandten jener Zellen gezeigt haben, von solchen äußerst einfach gebauten Pflanzen ohne Mitwirkung des Lichts ver-

wertet werden. Da diese olivgrünen Zellen viel von niedersten
Tieren gefressen werden, kehren die Nährstoffe auf diesem
Wege in den Kreislauf des Lebens zurück, ehe sie noch ganz
zerfallen.

So kann man sich vorstellen, daß ein bestimmtes kleines
Stoffteilchen, das am Aufbau einer Pflanzenzelle oben im
Licht beteiligt war, eine lange Wanderung durch viele Leben
und viele Tode durchmacht, ehe es entweder am Tiefseeboden
abgelagert wird oder, durch Bakterien in seine einfachsten
Bestandteile zerlegt, aufgelöst im Wasser sich verliert und
dem Leben fremd bleibt, bis vielleicht nach langer Zeit einmal

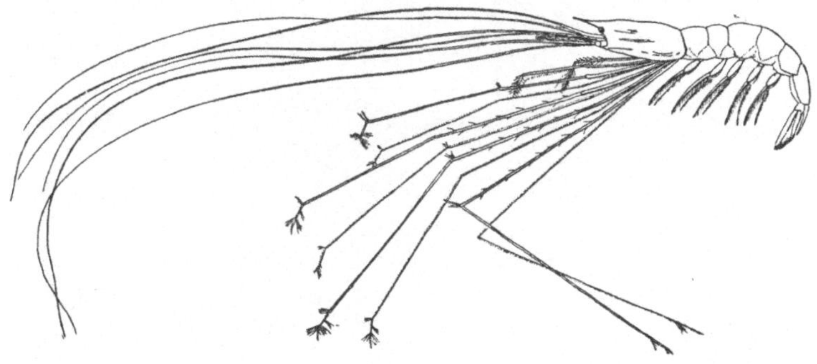

Abb. 29. Tiefseekrebs mit sehr langen Fühlhörnern und Beinen.

die Wassermasse, zu der es nun gehört, wieder in die pflan-
zenerzeugende, des Lichts genießende Schicht emporgedrängt
wird.

Wir müssen uns, um die Zusammenhänge des Lebens in
den großen Tiefen zu verstehen, Tiere mit sehr fein emp-
findlichen Sinnesorganen vorstellen. Es ist bekannt, daß tierische Leichen auf dem Lande so wie Kotmassen erstaunlich
schnell ganz bestimmte Insekten anlocken, von denen zuvor
nicht das geringste zu bemerken war. Auch im Wasser kann
man mittels ausgelegter oder ausgehängter Köder leicht Ähn-
liches beobachten. Daß es hochgradig vervollkommnete und
verfeinerte Sinnesorgane bei den Tiefseetieren gibt, haben wir
ja an den Augen gesehen. Höchst auffallend sind auch die
ungeheuer langen Fühlhörner und Taster, die bei manchen

Krebsen und Würmern die Körperlänge um das Mehrfache
zuweilen das Zehn- bis Zwölffache übertreffen (Abb. 29)
Wahrscheinlich wird es sehr empfindliche Organe für der

Abb. 30. Tiefseefisch mit Riesenmaul.

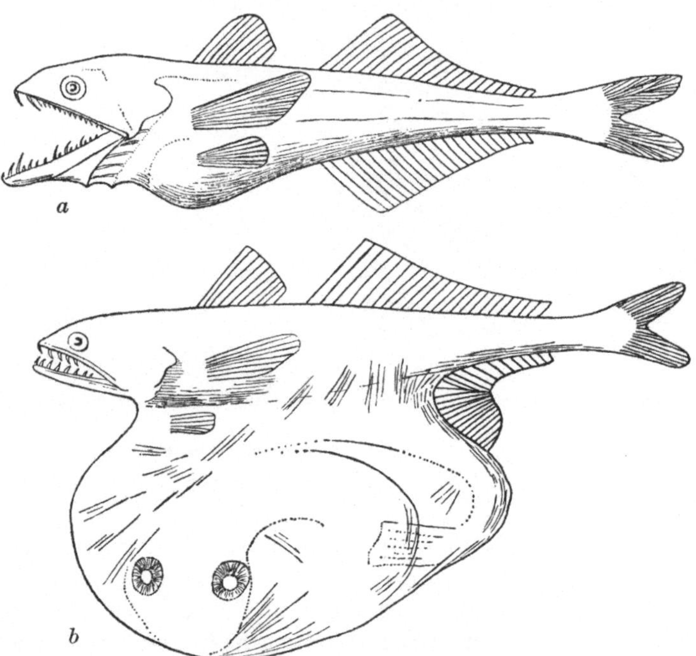

Abb. 31. Tiefseefisch, *a* in normalem Zustande, *b* mit stark vorgetriebenem
Bauch nach Verschlingen eines anderen Fischs.

Geruch oder verwandte Arten der Sinneswahrnehmung geben,
die wir noch nicht zu verstehen vermögen.

Daß hier das Raubtierleben besonders stark entwickelt ist,
kann man leicht erkennen. Schon die Ausstattung der Tiere

mit besonders guten Augen und Leuchtorganen läßt es vermuten. Deutlich zeigen es die ungeheuren Mäuler (Abb. 3o) und die gewaltigen Fangzähne bei manchen Arten der Fische, sowie die Mageninhalte, die an Ungeheuerlichkeit manchmal alles übertreffen, was man in dieser Beziehung auf der festen Erde, etwa bei Schlangen, zu finden gewohnt ist. Es sind mehrfach Fische gefangen worden, deren Magen andere Fische von ihrer eigenen Körpergröße enthielt. Ja, in ein paar Fällen lag in dem weit vorgequollenen Bauch ein Fisch, dessen Größe die eigene des Räubers um das Mehrfache übertraf (Abb. 3i). Im Gegensatz zu dem, was wir aus der Lichtwelt gewohnt sind, scheint der Raub hier in der finsteren Tiefe mehr durch unerwarteten Überfall als durch Schnelligkeit und Kraft der Räuber ermöglicht zu werden. Zum wenigsten kann man sich bei dem oft überaus zarten Knochen- und Muskelbau und der seltsamen, für schnelle Bewegungen ganz ungeeigneten Gestalt vieler Fische ein gewaltsames Räuberleben kaum vorstellen.

Vieles von diesem Leben im Dunkeln liegt auch für unser Denken und Vorstellen noch völlig im Dunkeln. Wir müssen uns daher, wenn wir nicht bei diesem, die Phantasie mächtig anregenden Gegenstande ins Dichten verfallen wollen, mit diesem Wenigen begnügen, mit einer kurzen Skizze der so fremdartigen Lebenserscheinungen.

21. Die Wüste der Finsternis.

Wenn sich uns früher der Eindruck einer wüstenhaften Lebensarmut der Hochsee aufdrängte, so wird das in noch viel höherem Grade der Fall sein, sobald wir die Tiefsee in bezug auf die Menge des Lebens in ihr untersuchen. Dort war immerhin die Zahl der Planktonwesen in jedem Liter Wasser eine sehr große, so gering auch die Menge der lebenden Substanz sein mochte. Hier ist auch das nicht mehr der Fall. Allerdings ist es ein erstaunliches Ergebnis der „Meteor"- Expedition in den Jahren 1925 bis 1927, daß man nicht leicht ein Liter Wasser selbst aus den größten Tiefen des

Ozeans schöpfen kann, ohne einige lebende Zellen mit zu
schöpfen. Der Eindruck, den die Besprechung der sehr ver-
einzelten größeren Tiere vielleicht hervorrufen mag, daß
wenige einsame Aasfresser und Räuber die furchtbare Öde
dieser finsteren Wassermassen durchirren, ist doch nicht der
richtige. Vielmehr ist Leben sozusagen eine ganz allgemeine
Eigenschaft auch des Tiefseewassers. Überall gibt es schwe-
bendes Leben, zwerghafte Wesen, Zellen, welche sich dort
erhalten, sich fortpflanzen. Aber allerdings, die Flamme des
Lebens ist nahe am Verlöschen.

Die einzelligen Tiere, welche in der dunklen Tiefe noch
leben, sind für unsere bisherigen Mittel der Erkenntnis nichts,
sehr wesentlich verschieden von denen der obersten Wasserschichten. Etwas Besonderes sind unter den häufigeren Formen eigentlich nur jene schon erwähnten „olivgrünen Zellen". Ihrer Gestalt nach meist unregelmäßig kugelig oder
eiförmig, von einer Membran umgeben und olivgrün gefärbt,
gehören sie augenscheinlich in die Gruppe der „blaugrünen
Algen", d. h. zu den niedrigsten, am einfachsten gebauten
Algen, deren Lebensweise sich von der ihrer Verwandten
wesentlich unterscheidet und sich in mancher Beziehung derjenigen der Pilze nähert. Man findet Algen dieser merkwürdigen Gruppe oft an Stellen, wo andere nicht mehr zu leben
imstande sind.

Eine Zahlenreihe mag uns nun einmal veranschaulichen,
wie groß der Lebensreichtum der tieferen Wasserschichten
ist und wie er sich zu der Besiedelung der obersten Schichten
verhält. Diese Zahlen sind in der Weise gewonnen, daß im
tropischen Atlantischen Ozean, ungefähr in der Gegend der
Insel Ascension, an neun Stellen eine ganze Anzahl Wasserproben entnommen und dann für die verschiedenen untersuchten Tiefen Mittelwerte des Planktongehalts berechnet
worden sind. Folgendes sind die Ergebnisse:

o Meter	. . . .	10147 Zellen im Liter
50 „	. . . .	9443 „ „ „
100 „	. . . .	2749 „ „ „
200 „	. . . .	726 „ „ „

400 Meter . . . . 261 Zellen im Liter
700   ,, ... 114   ,,   ,,   ,,
1000 ,, ... 87   ,,   ,,   ,,
2000 ,, ... 57   ,,   ,,   ,,
3000 ,, ... 18   ,,   ,,   ,,
4000 ,, ... 17   ,,   ,,   ,,
5000 ,, ... 15   ,,   ,,   ,,

Wie schon früher erwähnt wurde, beträgt die Zellenzahl im Liter Wasser bis zu 50 m Tiefe hinab ungefähr 10 000. Wir sehen weiter, daß sie zwischen 100 und 200 m auf 1000 gesunken ist, zwischen 700 und 1000 m auf 100. Danach

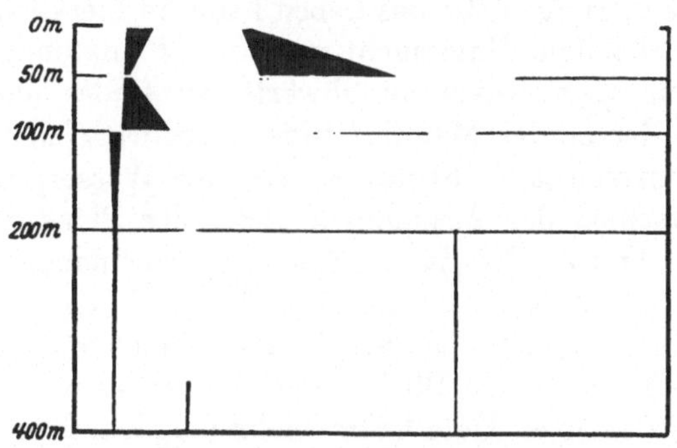

Abb. 32. Verschiedene Arten der Planktonverteilung in Tiefen von 0—400 m. Die Breite der schwarzen Flächen entspricht den Planktonmengen in den betreffenden Tiefen.

aber bleibt sie bis zum Meeresgrunde immer oberhalb 10. Das heißt also, die Schicht von 1000 bis 5000 m, also vier Fünftel der ganzen Wassermasse, hat nur noch 10 bis 100 Zellen im Liter. Die Abnahme der Besiedelungsdichte ist bis 50 m hinab noch kaum zu bemerken, bis 100 m schon beträchtlich, bis 200 m sehr stark, danach allmählich wieder langsamer und immer langsamer, ja in der untersten Hälfte der ganzen Wassermasse so gering, daß sie kaum noch mit Sicherheit nachgewiesen werden kann. Ebenso deutlich wie die allgemeine Durchsetzung selbst der größten Tiefen mit Lebewesen ist also ihre Herabminderung auf eine außerordentlich geringe Zahl in der Tiefsee (vgl. auch Abb. 32).

Was ich hier besprochen habe, war nur ein Beispiel, aber
was es uns gezeigt hat, das gilt mehr oder weniger überall,
so weit unsere Erfahrungen reichen. Dieser Satz mag selbstverständlich, ja fast nichtssagend erscheinen. Er verdient
aber doch die aufmerksame Beachtung, wenn wir uns ein
richtiges Bild von der Tiefsee und dem Verhalten des Lebens
zu ihr machen wollen. Ungeheure Räume, die wir uns gar
nicht mehr lebendig vorstellen können, sind von einer gleichförmigen Armut und Eintönigkeit der Besiedelung mit Lebewesen, wie wir sie anderwärts auf der Erde niemals wiederfinden. Die meisten physikalischen und chemischen Eigenschaften des Wassers ändern sich da unten so wenig, daß
diese Veränderungen für das Leben kaum in merklicher Weise
ins Gewicht fallen. Untersucht man viele Planktonproben aus
Tiefen von etwa 700 m an abwärts, so findet man wenig
mehr von der bunten Mannigfaltigkeit des Oberflächenlebens.
Arm an Formen ist nicht nur die einzelne Wasserprobe, auch
der Unterschied der Zusammensetzung der Planktongemeinschaft von Ort zu Ort, ja selbst in weit voneinander entfern-
ten Gebieten ist nur sehr gering. Während man eine Kalt-
wasserprobe aus der obersten Wasserschicht von einer tropischen auf den ersten Blick unterscheiden kann, ist das bei
Proben aus 2000 m Tiefe kaum mehr möglich. Nur in einem
Punkte gibt es auch in solchen Tiefen noch wohl ausgeprägte
Unterschiede von Ort zu Ort, in der Dichte des Planktons,
wie sie in der Zahl der Zellen in einem Liter Wasser zum
Ausdruck kommt.

Als Zweites aber ist neben der Gleichförmigkeit des Planktons die Stetigkeit der Abnahme mit der Tiefe zu beachten.
Wir sehen an ihr deutlich, wie das Leben in die Tiefe hin-
abzudringen sucht, wie es mit allen Mitteln gegen die Mächte
der Finsternis kämpft. Aber wir sehen auch, wie es in diesem
Kampfe mehr und mehr unterliegt, erschöpft wird. Nur
Spuren von Leben sind da unten, ein paar Kilometer tief
unter der blühenden Planktonflora und -fauna der Oberfläche noch nachweisbar. Langsam, Schritt für Schritt ist
das Leben in zähem Ringen vor dem Tode zurückgewichen.
Langsam, Schritt um Schritt, Zelle um Zelle siegt der Tod.

90

22. Hochseeleben und Tiefseeleben.

Nur in einem Punkte, wie gesagt, würde man noch deutliche Unterschiede finden, wenn man diese ungeheure Wüste von Ozean zu Ozean in einer bestimmten Tiefe durchwandern könnte — in der *Dichte* des Planktons. Der leise, kaum merkliche Hauch von Leben in der toten Finsternis wird doch in gewissen Gebieten unverkennbar stärker, in andern schwächer. So scheint es, als wären doch örtliche Unterschiede der Lebensbedingungen vorhanden. Welche aber sind das?

Physiker und Chemiker vermögen uns nichts darüber zu sagen. Wohl unterscheiden auch sie verschiedenerlei Wassersorten in der Tiefsee auf Grund sehr feiner Untersuchungen des Salzgehalts, der Temperatur, des Gehalts an Sauerstoff im Wasser. Aber diesen verschiedenen Wassersorten entsprechen nur selten und undeutlich die Bereiche größeren oder geringeren Lebensgehalts. Auch ist gar nicht anzunehmen, daß so geringe Unterschiede, wie da in Frage kommen, irgendwelchen merklichen Einfluß auf die Lebensdichte haben. Woran aber liegt es dann? Welche geheimnisvollen Kräfte wirken da unten so deutlich fördernd und hemmend auf das Gedeihen der lebenden Zellen ein?

Des Rätsels Lösung ist einfacher, als man glauben möchte. Ja, sie ist so einfach, daß man, wenn man sie kennt, sich eigentlich sagen muß: Das hätte ich auch vorher sagen können! In der Tat, wenn man nur das weiß, was wir in den vorhergehenden Abschnitten besprochen haben, so ist man eigentlich gezwungen zu einer ganz bestimmten Folgerung über die Besiedelung der Tiefsee. Ich will in drei Sätzen die Voraussetzungen dieser Folgerung zusammenfassen.

Erstens: Die physikalischen und chemischen Lebensbedingungen in der Tiefsee sind derartig gleichförmig, daß sie wesentliche Unterschiede im allgemeinen nicht bewirken können. Zweitens haben wir wiederholt die Erfahrung gemacht, daß es in erster Linie der Gehalt an Nahrung ist, was den Lebensgehalt des Wassers bedingt. Drittens aber: Die Nahrungsquelle der Tiefsee sind absinkende Reste der Lebewesen in der obersten Wasserschicht.

Daraus folgt doch nun ohne Zweifel: Das Leben muß in der Tiefe um so reicher oder ärmer sein, je nachdem es an der Oberfläche reicher oder ärmer ist. Denn je mehr an einer Stelle in der obersten Wasserschicht erzeugt wird, um so mehr sinkt auch ab, um so mehr kann darunter von Schicht zu Schicht neues Leben geweckt werden. Ein einfacher Schluß. Immerhin will ich zugeben, daß es gewagt ist, so in den Ozean hineinzuschließen. Denn unsere Kenntnisse sind allzu gering und die Natur ist allzu reich an Möglichkeiten, als daß man auf solchen glatten Wegen des Denkens sehr weit in sie eindringen könnte. Aber — in diesem Falle haben wir recht, denn die Untersuchung der wirklichen Verhältnisse des Tiefseeplanktons bestätigt unsern Schluß.

Schon bei der ersten Untersuchung, welche im Jahre 1911 von der „Deutschland"-Expedition über das Zwergplankton im offenen Ozean gemacht worden ist, hat sich gezeigt, daß da, wo das Plankton der obersten Wasserschicht besonders reich, wo die „Volksmassen" des Planktons besonders dicht sind, sich „Untermassen" bilden, die sich in die Tiefe hinabsenken. Es macht den Eindruck, als sänken die Planktonmassen hinab, gleichsam wie man aus einer fernen dunklen Wolke den Regen fallen sieht, als regneten lebende Zellen in die finstere Tiefe hinein, um so stärker, je dichter und dunkler oben die Planktonwolke ist. Dabei verschiebt sich wohl eine solche „Untermasse" etwas gegen den Kern des Planktonvolkes, geradeso wie der Regen meist nicht senkrecht aus der Wolke fällt, sondern vom Winde etwas vertrieben wird, aber es ist meist deutlich, daß Hauptmasse und Untermasse zusammengehören. Nun müssen wir uns wohl erinnern — das haben wir ja bereits besprochen —, daß wir an ein einfaches Herunterregnen *lebender* Zellen nicht denken dürfen, aber im übrigen ist unser Bild durchaus zutreffend. Wie die Bestandteile der Wolke zum Sinken, Fallen kommen, wenn die Nebelbläschen sich zu Wassertropfen zusammenschließen, so kommen die Zellen der Planktonwolke zum Sinken, wenn sie absterben. Beide verlieren das Schwebevermögen, und die Anziehungskraft der Erde bekommt Gewalt über sie. Nur daß beim Plankton der Vorgang sehr

langsam und unter fortdauernder Neuerzeugung lebender
Zellen in den verschiedenen Tiefen vonstatten geht.

Denken wir uns einmal den Ozean in irgendeiner Gegend
senkrecht durchschnitten und nehmen wir an, alle Plankton-
zellen seien kleine leuchtende Punkte, sozusagen Lebens-
funken, so würden wir auf der Schnittfläche, wenn wir sie
bei Nacht betrachten, ganz oben durch stärkere und schwä-
chere Lichtmengen die reicheren und ärmeren Gebiete des
Oberschichtenplanktons unterschieden finden. Unter jedem
stärkeren Fleck würde sich die Lichtmasse besonders stark

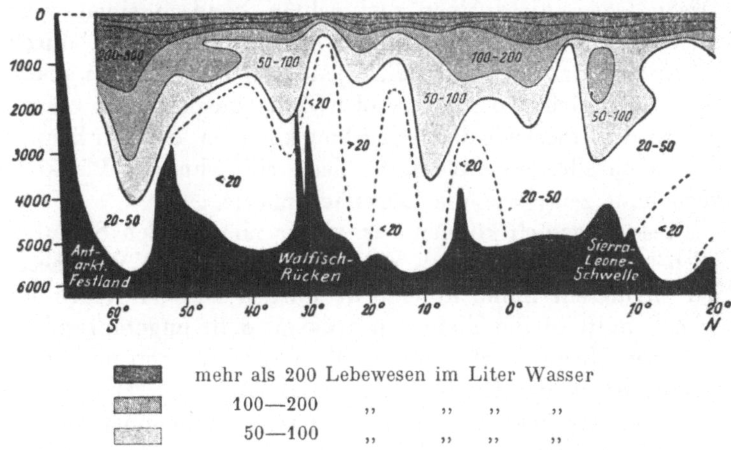

Abb. 33. Planktonverteilung auf einem Längsschnitt durch den südlichen
Atlantischen Ozean. Die Zahlen unten geben die Breitengrade, die links die
Tiefen in Metern, die innerhalb die Anzahl der Lebewesen im Liter Wasser
an. Die Zeichnung ist sehr stark „übertieft"; sie müßte, um der Natur
zu entsprechen, bei gleichbleibender Höhe etwa 650 mal so lang sein.

in die Tiefe senken, unter lichtschwächeren Gebieten aber
würde es dunkler bleiben. Nach unten zu würde überall das
Licht schwächer und immer schwächer werden, wie wir uns
das ja an Hand jener Zahlenreihe von Ascension leicht vorstellen können.

Zeichnen wir nun einen solchen Schnitt durch den Ozean
auf das Papier, indem wir auf Grund von Zählungen des
Planktons von vielen Punkten der Tiefsee wieder die „Linien

93

gleicher Planktondichte" entwerfen (wie wir das bei der Oberfläche getan haben), so werden wir — die Abbildung (Abb. 33) zeigt das deutlich für einen Schnitt durch den Südatlantischen Ozean — eine ganze Reihe zipfelförmiger Gebilde aus der oberen Schicht herunterhängen sehen. Diese Zipfel also sind es, in denen uns die Grundregel der Verteilung des Planktons in der Tiefsee lebendig zur Anschauung kommt.

Wir werden aber diese ganze Sache noch wesentlich besser verstehen, wenn wir noch einen andern Schnitt durch den Ozean legen, nicht einen senkrechten, sondern einen wagerechten. Wir müssen ja dann alle diese „Untermassen" durchschneiden, und wenn wirklich jede von ihnen einem planktonreichen Gebiet der Meeresoberfläche entspricht, so müssen wir zu dem merkwürdigen Ergebnis kommen, daß der Schnitt, der ja parallel zur Oberfläche liegt, eine ähnliche Planktonverteilung zeigt wie die Oberflächenkarte.

Diesen Versuch können wir wieder nur für den Südatlantischen Ozean machen als den einzigen Teil des Weltmeers, der in diesem Sinne untersucht worden ist. Wir legen unsern Schnitt in die Tiefe von 2000 m, d. h. ungefähr mitten zwischen Meeresoberfläche und Meeresboden, denn im Durchschnitt ist ja der Ozean 4000 m tief (Abb. 34). Und in der Tat, was wir erwarten mußten, trifft unverkennbar zu. Die Tiefenkarte zeigt im großen ganzen durchaus die uns schon bekannten Züge (vgl. Abb. 14). Da ist wieder das reiche Südgebiet, da strecken sich wieder die Zungen vor Südwestafrika, vor dem Kongo und im Bereich der Kapverden in den Ozean hinaus, dazwischen schiebt sich das planktonarme Guineagebiet ein, ganz wie wir es an der Meeresoberfläche gefunden hatten.

Daß die Übereinstimmung nicht in allen Einzelheiten genau ist, daß das eine Gebiet hier schwächer, dort stärker hervortritt, kann uns nicht überraschen. Denn wenn die Regel, welche wir ausfindig gemacht haben, schon die Tiefenbesiedelung beherrscht, so schaltet sie doch andere Einflüsse nicht vollständig aus. In der Tat scheinen besonders in den Gebieten, wo die Untermassenbildung schwach ist, die physika-

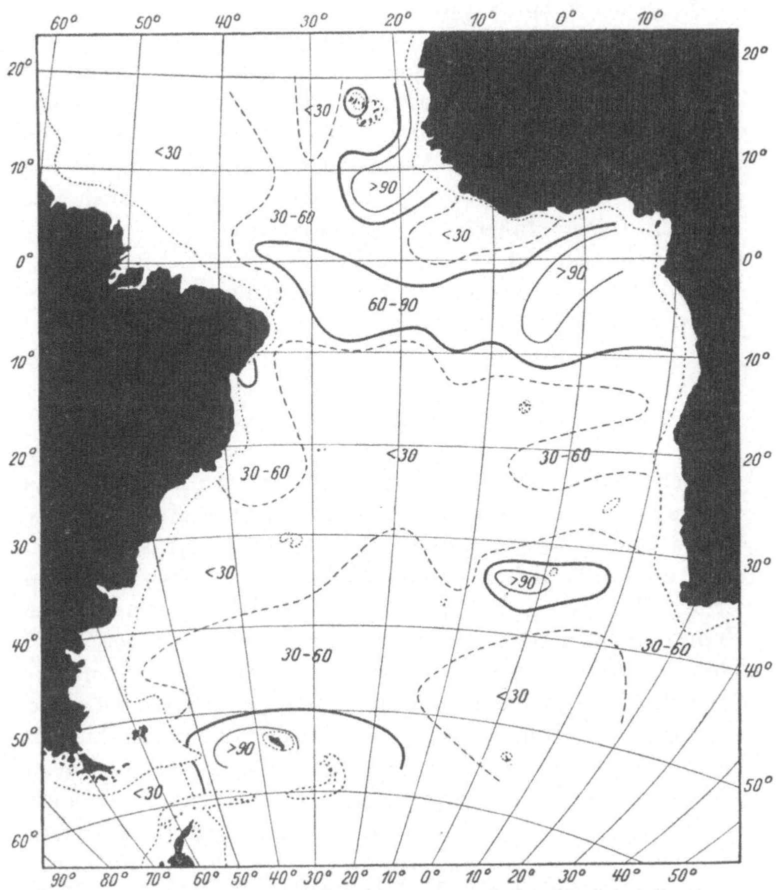

Abb. 34. Planktonverteilung im Südatlantischen Ozean in 2000 m Tiefe. Die eingezeichneten Zahlen geben die Anzahl der Lebewesen im Liter Wasser in der betreffenden Gegend an.

lischen und chemischen Unterschiede der übereinander gelagerten und sich langsam durch den Ozean fortschiebenden Wassermassen oder auch sonstige, uns zum Teil noch unbekannte Einflüsse wirksam zu werden. Doch wir brauchen darauf nicht weiter einzugehen, da es sich allem Anschein nach immer nur um schwache Nebenwirkungen handelt.

Wertvoller wird es für uns sein, wenn wir ein wenig bei den Vorstellungen verweilen, welche wir nun gewonnen haben, nicht um noch Neues aus ihnen zu lernen, sondern um unserm Bewußtsein die einfache Größe dieser Bilder von der Lebensverteilung in der Tiefe einzuprägen. Einfache Größe ist in jeder Hinsicht dem Weltmeer eigentümlich. Sie ist das eigentlich Ozeanische am Ozean. An ihr nimmt auch das Leben in seinem Innern teil. Wir werden nirgend im Antlitz der Erde so schlichte und gewaltige Züge des Lebens wiederfinden wie in der Tiefsee. Wenn irgendwo die lebendige Natur groß in ihren Erscheinungen ist, so ist es hier.

23. Stufen im Meere.

Doch wenden wir unser Auge noch einmal zurück auf jene andere Seite des Lebens der Erde, die nicht weniger als seine Größe immer wieder unsere Bewunderung auf sich zieht: seine unerschöpfliche Mannigfaltigkeit. Wir haben in diesen letzten Abschnitten die bunte Fülle lebendiger Zellen wie tote Nummern behandelt, haben sie eingepfercht zwischen kalte, leblose Zahlen, haben diese Tröpflein Leben wie Regentropfen betrachtet, von denen jeder gleich dem andern ist. Und doch sind die lebendigen Wesen so unübersehbar verschieden. So müssen sie sich auch notwendig vielfältig verschieden zu den seltsamen Lebensbedingungen der finsteren Meerestiefe verhalten. Sehen wir also jetzt ab von der Frage der Mengen; beachten wir vielmehr, wie sich die einzelnen Arten von Tieren durch die verschiedenen Tiefen verteilen. In der Tat gibt es da recht merkwürdige Anordnungen. Den Tiefenschichten des Wassers entsprechen mehr oder weniger deutlich Schichten seiner Bevölkerung.

Ganz verständlich ist es ja, daß in den obersten Wasserschichten, wo noch ein Mehr oder Weniger von Licht zu unterscheiden ist, wo noch nicht volle Finsternis herrscht, die Lebewesen sich nach dem Lichte ordnen. Es gibt, wie wir gesehen haben, solche, die des vollen Sonnenlichts bedürfen und daher in der Nähe der Meeresoberfläche am

besten gedeihen, und solche, welche besser im gedämpften
Licht der Schattenzone leben, und es gibt schließlich Tiere
der unbedingten Finsternis. Unter den Tropen, wo selbst für
den sonnendurstigsten Menschen allzu mächtig die Licht-
massen niederfluten, ist das Bedürfnis nach ein wenig Schatten so verbreitet, daß es sogar in den Mengen des Planktons
der obersten Wasserschichten zur Geltung kommt; sie sind
oft etwas geringer als in 5o oder 8o m Tiefe.

Neben die Pflanzen und Tiere also, welche gleichsam an
der Oberfläche hängen, treten solche, die sich gern etwas
vom allzu strahlenden Licht abkehren und in geringen Tiefen
reicher entwickelt sind, wennschon sie auch in der obersten
Schicht vorkommen, und dann folgen die, welche man im
allgemeinen überhaupt nicht mehr an der Oberfläche findet.
Quer über die ganze Breite des Ozeans entdeckt man sie kaum
an der einen oder andern Stelle unmittelbar am Meeres-
spiegel, dagegen sind sie in 100 oder 200 m Tiefe fast immer
reichlich entwickelt, und manche gehen von dort bis in die
größten Tiefen hinab.

Dies alles ist nicht besonders merkwürdig. Aber steigen
wir nun unter die Tiefe von 5oo m hinunter, durch die
Tausende von Metern vollkommener Dunkelheit, in denen
unser durch wissenschaftliche Hilfsmittel verfeinertes Wahr-
nehmungsvermögen keine wirklich wesentlichen Unterschiede
der Lebensbedingungen mehr bemerkt. Auch da finden wir
noch eine Schichtung des Lebens. Für manche Tiere scheinen
z. B. bei 1000 m oder bei 15oo m ungefähr Grenzen des Vorkommens oder wenigstens Grenzen des guten Gedeihens zu
liegen. Gewisse Krebse und Fische sowie kleine zierliche
Strahltierchen (Radiolarien) des Planktons ordnen sich einigermaßen nach diesen Grenzen an. Für andere liegen sie
wieder anders — soweit unsere Erfahrungen reichen.

Das nämlich muß man nicht vergessen, daß unsere Er-
fahrungen da unten doch noch immer recht gering sind.
Das Fangen der größeren Tiere, die man nicht wie das
Zwergplankton mit Wasserschöpfern heraufholen kann, hat
doch in solchen Tiefen recht beträchtliche Schwierigkeiten.
Das Hinablassen und Heraufholen der Netze verlangt starke

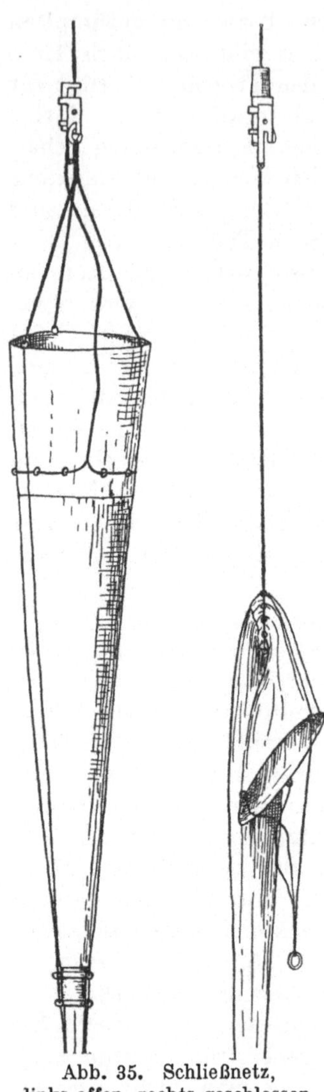

Abb. 35. Schließnetz,
links offen, rechts geschlossen.

Stahltrossen und besondere Maschinen. Die Zahl der Tiere ist gering, daher muß man lange Zeit fischen, um Aussicht auf einen guten Fang zu haben. Zeit aber ist auf einer wissenschaftlichen Meeresexpedition eine sehr wertvolle und teure Sache. Man schleppt so ein Netz viele Stunden lang oder eine ganze Nacht hindurch hinter dem langsam fahrenden Schiff her. Und dann liegt noch die größte Schwierigkeit darin, festzustellen, in welcher Tiefe denn so ein Krebs oder Tintenfisch gefangen ist, den man in einem Netz heraufholt, das etwa 2000 m tief gewesen ist. Denn dies Netz hat ja, als es emporgezogen wurde, die *ganze* Wasserschicht von jener Tiefe bis zur Oberfläche durchfischt, und so kann das Tier aus 2000 m, es kann aber auch aus 200 m Tiefe sein.

Um einigermaßen die Tiefe festzustellen, in der ein Tier gefangen wurde, gibt es hauptsächlich zwei Wege. Wenn man eine größere Anzahl Fänge gemacht hat, die teils bis 500, teils bis 1000, teils bis 1500 m hinabgehen, und findet eine Art von Fischen immer nur in den beiden letzteren, so kann man annehmen, daß sie nicht über die Tiefe von 500 m heraufzukommen pflegt. Verläßlicher als diese Methode der

„Stufenfänge" ist das Arbeiten mit Schließnetzen. Ein solches Netz (Abb. 35) wird bei ruhendem Schiff senkrecht auf etwa 1500 m hinabgelassen, darauf bis 1000 m heraufgezogen und nun mittels eines geeigneten Mechanismus geschlossen. Dann kann es also nur aus dieser begrenzten Schicht von 500 m Dicke etwas gefangen haben. Aber es hat auch tatsächlich nur einen Weg von 500 m Länge gemacht, und das ist für ein so tierarmes Wasser recht wenig. Man wird also auch auf diese Weise nur langsam weiterkommen. Höchstens eigentliches Plankton, kleines Getier, wie etwa die Copepoden, wird man bald in genügender Menge beisammen haben.

Einige wenige merkwürdige Erscheinungen will ich aus dem so erworbenen kleinen Schatz unseres Wissens noch hervorholen. Recht auffallend sind gewisse Veränderungen der Farbe der Tiere von Tiefe zu Tiefe. Es hat sich gezeigt, daß oberhalb 150 m die Tiere vielfach farblos oder in meerblauen Tönen gefärbt sind, daß zwischen 150 und 500 m unter den Fischen graue und silberfarbige, großäugige und leuchtende Arten vorherrschen, unterhalb 500 m aber die meisten dunkel, braun oder schwarz sind, während die Krebse leuchtend rote Farbe haben. Es scheint also eine Schichtung in bezug auf die vorherrschenden Farben stattzufinden. Was die Ursache davon sein mag, vermögen wir nicht mit Sicherheit zu sagen. Es ist möglich, daß die Farben irgendeine zweckmäßige Beziehung zu den Lichtverhältnissen der verschiedenen Tiefen haben, es ist auch möglich, daß sie nur Nebenwirkungen chemischer Vorgänge ohne besondere biologische Bedeutung sind.

Ferner ist in manchen Tiergruppen eine Schichtung nach der Größe ziemlich auffallend. Bei jenen Strahlingen (Radiolarien) z. B., deren Tiefenschichtung ich eben erwähnte, kommt eine auffallende Zunahme der Körpergröße mit zunehmender Tiefe vor, ohne daß sich die Ursache davon bestimmt angeben ließe (Abb. 36). Und was noch beachtenswerter ist: die verschiedenen Altersstufen ein und derselben Tierart können in recht verschiedenen Tiefen leben. So findet sich einer der häufigsten leuchtenden Fische, ein ziemlich kleines Tier, solange seine Länge 2—3 cm beträgt, in 500 m

Tiefe, bei etwa 3—4 cm Länge in 1000 und bei 5 cm in 1500 m Tiefe. Überhaupt sind Jugendformen von Fischen tieferer Schichten vielfach in höheren Teilen des Meeres nachgewiesen worden. Es kommt aber bei andern Tieren auch das Umgekehrte vor.

Hieraus geht nun ja auch hervor, daß manche Tiere im Laufe ihres Lebens im Meere auf- oder absteigen, ihre

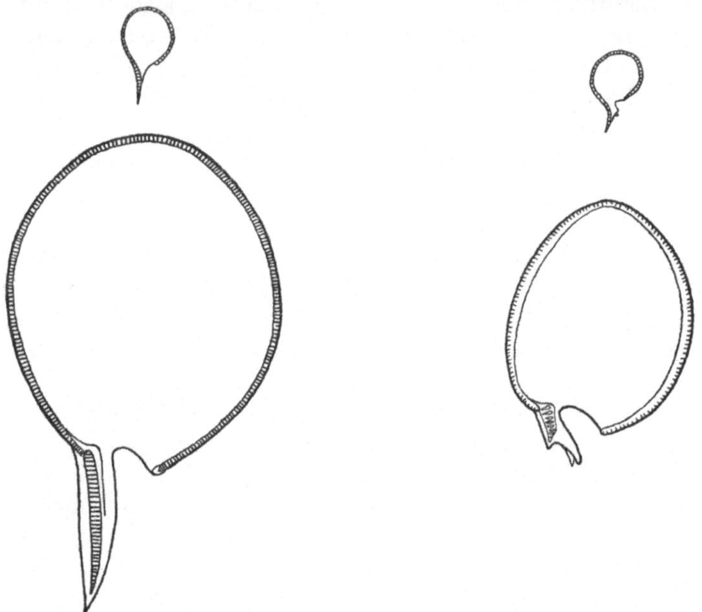

Abb. 36. Gehäuse von Radiolarien,
oben aus weniger als 200 m Tiefe, unten aus der Tiefsee.

Lebensschicht wechseln. Und sicher gibt es neben diesen Wanderungen im Laufe längerer Zeiträume auch ein tägliches Auf und Nieder. Die herrlichen Feuerwalzen findet man gewöhnlich nur nachts an der Oberfläche. Ein Aufsteigen in höhere Schichten bei sinkender Sonne geschieht sicherlich wie bei ihnen auch bei vielen andern größeren Planktonten. Solche rhythmischen Tageswanderungen sind aus den Küstengewässern von vielen Tieren der oberen Wasser-

schichten gut bekannt, z. B. von Copepoden und andern
Krebsen. Beim offenen Ozean sind dieselben regelmäßigen
Bewegungen mit Sicherheit anzunehmen, aber sie sind dort
nur recht schwer nachzuweisen, da zu diesem Zweck ja das
Schiff eine Reihe von Tagen am selben Platz verweilen
müßte.

So leidet überall unser Bild von den Schichtungen und
Schichtungsänderungen in der Tiefsee noch recht sehr an
schattenhafter Unbestimmtheit. Dürftig sind unsere Kenntnisse der Tatsachen, noch dürftiger ist unser Verstehen der
Ursachen. Tiefseeforschung ist und bleibt eine recht schwie-
rige Sache. Nur ganz langsam kommen wir Schritt für Schritt
voran im Verständnis dieses größten, ärmsten und vielleicht
merkwürdigsten Lebensbereichs der Erde. Es vergehen Jahr-
zehnte, ehe wir um ein paar wirklich wertvolle Gedanken auf
diesem Gebiete weiterkommen, und einstweilen drängen sich
in der Wissenschaft von der Tiefsee die dunklen Fragen
immer noch viel stärker hervor als die klaren Antworten.

24. Das Leben am Tiefseeboden.

In allen unsern bisherigen Betrachtungen haben wir das
Meer so behandelt, als hätte es keine Grenzen, weder in der
Breite noch in der Tiefe. Nur zufällig, um irgendeinen Gedanken klarzumachen, habe ich das eine oder andere Beispiel herangezogen, in dem die Küste eine Rolle spielte; ich
hätte auch auf diese Beispiele verzichten können. Vom
Meeresboden ist noch gar nicht die Rede gewesen. Und ich
bin diesen Weg mit gutem Grunde gegangen, um das Weltmeer gewissermaßen rein und in seiner vollkommensten Ausbildung darzustellen. Grenzenlos mußten wir zunächst die
Wassermasse denken.

Nun aber müssen wir diese Betrachtungsweise aufgeben
und ein Neues in unsere Gedankengänge einfügen: die feste
Erdrinde. In sie ist das Meer der Erde — wir sagen an-
maßend gern „Weltmeer" dazu — eingebettet, und ohne sie
ist es in Wahrheit nicht zu denken, wenn man auch viel vom

Leben des Meeres erzählen kann, ohne sie überhaupt zu erwähnen. Wir sind von der Oberfläche in die Tiefe hinabgestiegen und haben gefragt, wie sich das Leben verhält, wenn es sich weiter und weiter vom Lichte entfernt. Nun kommen wir an das Ende dieses Weges, an die untere Grenze der mehrere Kilometer dicken Wasserschicht, an den Boden des Ozeans. Und wir fragen wieder: Wie verhält sich das Leben dort? —

Verarmung ist das, was sich bei der Entfernung vom Lichte am lebhaftesten dem Bewußtsein aufdrängt. Diese schnell fortschreitende Verarmung konnten wir zahlenmäßig ganz deutlich nachweisen. Verwechseln wir sie nicht mit Verkümmerung! Denn wahrlich, verkümmert ist das Leben da unten keineswegs. Mögen schon einzelne Teile eines tierischen Körpers verkümmern, mag z. B. ein Fisch seine Augen verlieren und erblinden; ihm stehen andere gegenüber, bei denen die Augen ganz besonders vollkommen ausgebildet sind, und bei vielen sind hochentwickelte Leuchtorgane eigens für das Leben in der Tiefsee entstanden. Es ist auch gar kein Grund, anzunehmen, daß der blinde Fisch nur ein verkümmertes Leben führe, daß der mit großen Augen und Leuchtorganen prunkende besser lebe als der blinde. Auch ein Mensch lebt nicht „besser" als ein Regenwurm. Vielfach wahrscheinlich schlechter, indem er den Bedingungen seiner Umgebung weniger gewachsen ist als der Wurm den seinen.

Verarmung werden wir auch am Boden der Tiefsee wieder erwarten müssen. Und in der Tat finden wir gegenüber den meist reich besiedelten Flachseegründen nur außerordentlich wenig Leben da unten. Allerdings haben wir kein so sicheres Maß dafür wie bei dem Zwergplankton. Wie wir dort eine bestimmte Wassermasse untersuchten, müßten wir hier eine bestimmte Bodenfläche vornehmen, die Tiere zählen, die darauf leben, und ihre Anzahl mit der Tiermenge auf flachen Meeresgründen vergleichen. Das ist nicht leicht. Man kann wohl solche Zählungen jetzt für Tiefen von weniger als 100 oder höchstens für ein paar hundert Meter Tiefe ganz gut ausführen, zum wenigsten in bezug auf die größeren Tiere. Zu dem Zweck schneidet man mit Hilfe einer Art Bagger ein Bodenstück von bestimmter Größe heraus und zählt die Tiere, welche darauf und darin leben. Beim Tiefseeboden aber ist das nicht gut möglich. Die größeren Tiere sind da so spärlich, daß man nur genug davon bekommen würde, wenn man sehr ausgedehnte Bodenflächen genau untersuchen könnte; die kleinsten, welche dem Zwergplankton gewissermaßen entsprechen würden, lassen sich nicht leicht aus der Bodenmasse vollzählig herausbekommen. Vor allem aber ist die Verwendung der Geräte zur Entnahme von genügend großen Bodenproben technisch außerordentlich schwierig.

Wir müssen uns also, um einigermaßen ein Urteil über die Sache zu gewinnen, an das halten, was auf den Tiefseeexpeditionen mit Schleppnetzen in bestimmter Zeit oder auf einer bestimmten Strecke gefangen worden ist. Die besten Beispiele dafür bieten uns gegenwärtig die Untersuchungen der norwegischen „Michael Sars"-Expedition vom Jahre 1910. Auf dieser Reise wurde ein Netz benutzt, welches nach der Art der jetzt gebräuchlichen Netze für den Bodenfischfang, der sogenannten Scheernetze oder Kurren, gebaut war. Der Bodenstreifen, den dies Netz abfischte, wenn es hinter dem Schiff hergeschleppt wurde, mag etwa 10 m breit gewesen sein (genau ist es schwer zu sagen). Ich gebe hier drei Beispiele von seinen Fangergebnissen mit Angabe der Gegend, der Tiefe und der Zeit, während deren das Netz über den Boden geschleppt wurde.

1. Zwischen Irland und Portugal, 4700 m tief, 5 Stunden. Gefangen: einige Schwämme, 3 Seenelken (Aktinien), einige Seewalzen (Holothurien), 2 Seesterne, einige Würmer, Seescheiden (Ascidien) und Moostierchen (Bryozoen), 1 Schnecke und 2 Bodenfische.

2. In derselben Gegend, $3^1/_2$ Stunden. Gefangen: 3 Schlangensterne, 4 Seenelken, 1 Einsiedlerkrebs, 1 Seewalze, Würmer und ein paar Schnecken.

3. Zwischen den Kanarischen Inseln und den Azoren, über 5000 m tief, $4^1/_2$ Stunden. Gefangen: 1 Fiederkoralle (Seefeder), 1 Polypenstöckchen (Hydroide), 2 Seewalzen, 3 (zweifelhafte) Bodenfische und 3 Nicht-Bodenfische.

Bedenkt man die Größe des Netzes und die Länge der Zeit,

so ist das offenbar außerordentlich wenig. Selbst wenn der
„Michael Sars" ganz langsam gefahren ist, so muß doch
immerhin das Netz ein paar Kilometer weit über den Boden
hingegangen sein. Welche Fülle von Tieren würde man da
in einem flachen Meere gefangen haben! Der Tiefseeboden
ist also wirklich arm. Und unter diesen Umständen ist es
verständlich, daß man bis zum Jahre 1911 aus Tiefen von
mehr als 3600 m auf allen Expeditionen zusammen nur 35
sichere Bodenfische gefangen hatte, die 21 verschiedenen
Arten angehörten. Unsere Kenntnisse sind also auch hier
wieder sehr dürftig.

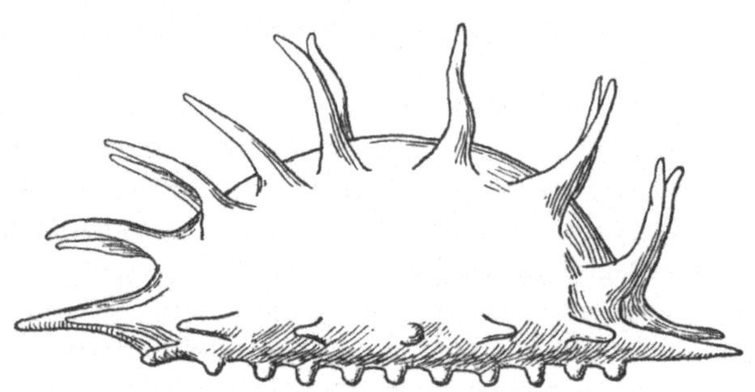

Abb. 37.   Seewalze des Tiefseebodens.

Doch versuchen wir einmal, was aus jener kleinen Liste
Wissenswertes herauszuholen ist. Die einzige Gruppe von
Tieren, welche in allen drei Fängen vorkommt, sind See-
walzen. Und das ist nach den allgemeinen Erfahrungen aller
Expeditionen kein Zufall. Sie sind in der Tat überall in der
Tiefsee verhältnismäßig häufig. Was sind denn das für Tiere?
Man nennt sie nach den Formen, die man in den Küsten-
gewässern häufiger findet, auch recht bezeichnend See-
gurken. Bei den Arten der Tiefsee würde wohl niemand auf
diesen Namen gekommen sein, denn ihr kurzer, plumper
Körper ist meist gar nicht gurkenförmig und trägt gewöhnlich eine Anzahl zipfelförmiger Fortsätze (Abb. 37). Sie
bilden innerhalb ihrer Verwandtschaft eine ganz besondere
Gruppe für sich, die im flachen Wasser nicht vertreten ist.

Wie kommt es nun, daß solche Seewalzen da unten besonders gut gedeihen? — Fragen wir zunächst wieder nach ihrer Nahrung, denn wir wissen ja, daß sie in vielen Fällen am meisten ausschlaggebend ist. Was fressen die Seewalzen? — Schlamm! — Aber kann man sich denn von Schlamm ernähren? — Nun, wir sind gewohnt, uns bei diesem Worte eine Masse vorzustellen, die größtenteils aus erdigen, tonigen Teilen besteht. Davon kann kein Tier leben. Aber auch am Grunde der Gräben und Teiche leben Würmer, welche „Schlamm fressen", geradeso wie die Regenwürmer „Erde fressen". Da sind nämlich in dem Schlamm viele Reste und Abfälle von Pflanzen und Tieren enthalten, die noch einen beträchtlichen Nährwert haben. Auf die kommt es an.

Dasselbe muß ja bei dem leichten weichen Schlamm der Fall sein, der den größten Teil des Tiefseebodens bedeckt. Denn auf diesem Grunde werden, sofern er nur dem Festlande weit entrückt ist, erdige Bestandteile verhältnismäßig wenig abgelagert. Was da unablässig hinabsinkt, ist ja dasselbe, auf dem sich, wie wir gesehen haben, auch das Leben der im freien Wasser der Tiefsee wohnenden Tiere in letzter Hinsicht aufbaut. Es sind die Reste der vielen Tiere und Pflanzen, welche im Wasser schwebend und schwimmend alle Tiefen bevölkern. Da muß es also für genügsame Mäuler allerhand zu fressen geben.

Dieser Schlamm oder Schlick, der vielen von den genannten Tieren, wie z. B. auch Seesternen und Schlangensternen, Seeigeln u. dgl., zur Quelle der Nahrung dient, wird von andern gleichsam noch während seiner Entstehung aufgesammelt und verzehrt. Sie breiten ihren Körper den niedersinkenden feinen Teilen entgegen, wie eine Pflanze ihre Blätter den Sonnenstrahlen entgegenbreitet. Denn es sind meist pflanzenartig gebaute, festsitzende Tiere. Wenn in unserer Fangliste steht „einige Schwämme", so dürfen wir dabei nicht an formlose Klumpen, ähnlich den Badeschwämmen, denken. Vielmehr müssen wir uns wunderbar feine Glasgespinste vorstellen, deren mikroskopischer Bau die zierlichsten Formen aufweist, welche die Natur nur irgendwo gesponnen hat, und diese leicht zerbrechlichen Skelette, die in bewegtem Wasser und unter vielen sich bewegenden Tieren kaum bestehen könnten, überzogen und durchsetzt von einem feinen Gewebe lebender Substanz (Abb. 38). Sie haben oft die Gestalt von Kelchen, Trichtern und Fächern, und setzen so ihren Leib mit breiter Fläche dem ewig niederrieselnden Regen kleiner Bruchstücke von einst lebendigen Leibern entgegen. Ein unablässiges leises Strömen, welches sie in ihrem Innern erzeugen, zieht die Teilchen in sie hinein, die so aufs neue in den Kreislauf des Lebens eintreten, ehe sie noch den Meeresboden ganz erreichen. Seescheiden, Moostierchen, Polypenstöckchen und manche festsitzenden Würmer ernähren sich nicht viel anders, während andere, größere, wie Seefedern und Seenelken, schon mehr von dem Zustande bloß abwartender Nahrungsempfänger zu dem der Nahrungsfänger überleiten, obgleich auch sie fest an ihren Ort gebunden sind und nur ergreifen können, was da zufällig in den Bereich ihrer Fangarme gerät.

Festsitzende Tiere spielen überhaupt eine wesentliche Rolle in dieser Tiefseebodengesellschaft. Für viele von ihnen hat der Schlammgrund noch insofern eine besondere Bedeutung, als sie darin „wurzeln“ können. Für unsere Glasschwämme zum Beispiel. Lange zierliche Nadeln und Fäden von Kieselmasse, oft mit Haken und Ankern versehen, senden sie in den Schlamm hinab wie Pflanzen ihre Wurzeln in die Erde. Die Seefedern endigen unten sozusagen in einer Federspule, mit der sie im Schlamm stecken. Andere, wie z. B. die langgestielten Haarsterne, sitzen mit wurzelartigen Gebilden im Grunde fest (Abb. 39).

Viele von diesen bodenständigen Wesen aber bedürfen eines festeren Grundes. Der weiche Schlamm genügt ihnen nicht. Und für sie ist es schon um vieles schwieriger, sich anzusiedeln. Zwar gibt es auch Felsgrund im tiefsten Ozean, aber er ist seltene Ausnahme. Ungeheure Flächen sind ohne jede Unterbrechung mit einem tiefen, lockeren Schlamm bedeckt, der wohl seine Zusammensetzung auf große Entfernungen hin etwas ändern mag, aber kaum seine Festigkeit. Und doch gibt es auch da Möglichkeiten festen Anwachsens. An das Verzeichnis der Tiere, welches oben für den dritten

Fang zusammengestellt ist, schließen sich noch einige tote
Körper an, die hier unsere Beachtung verdienen: 3o Stücke
Bimstein, 1 Tintenfischschale (Argonauta), 1 Ohrknochen
eines Wals, 2 Haifischzähne, 10 Schalen von Flügelschnecken.
Da sind also auf der
durchfischten Strecke
eine ganze Reihe fester
Gegenstände vorhanden,
die zur Ansiedelung ein-

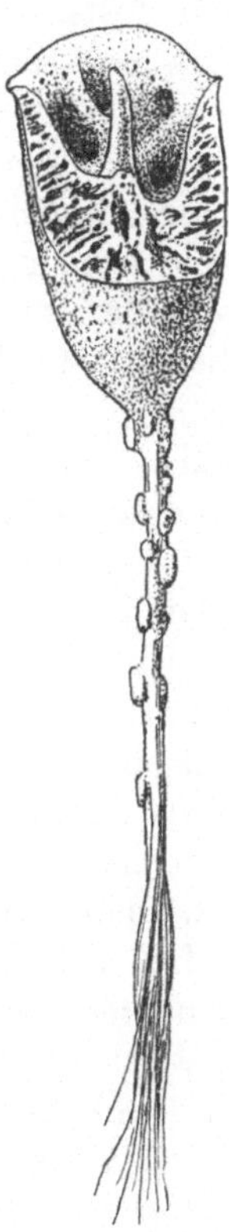

Abb. 38. Glasschwamm
der Tiefsee, der obere
Teil aufgeschnitten.

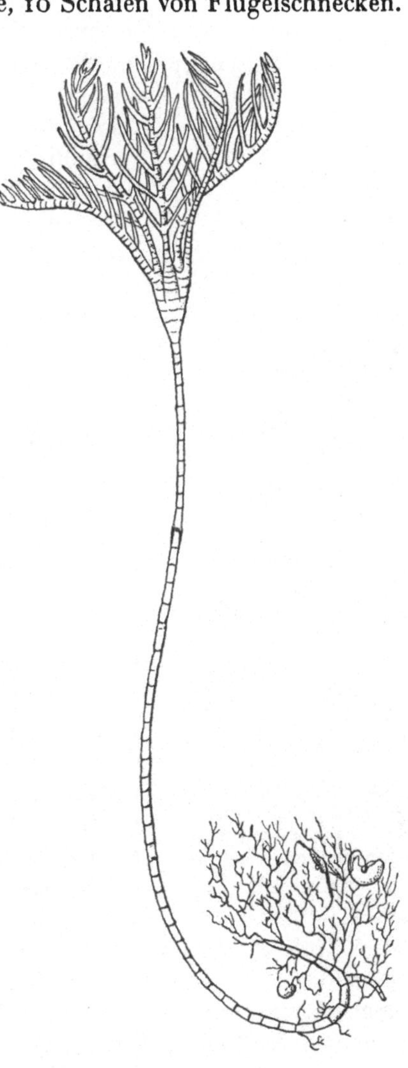

Abb. 39. Haarstern der Tiefsee.

laden. Tatsächlich sind sie auch auffallend häufig von lebenden Tieren besiedelt, ein Zeichen davon, daß die Nachfrage nach solchen Wohnplätzen da unten groß ist. Neben den tierischen Resten kommen also Gesteine vor, wie Bimstein, aber auch andere vulkanische Gesteine. Sehr häufig sind die sogenannten Manganknollen, die sich gebildet haben, indem um einen in die Tiefe absinkenden Gegenstand, etwa einen Haifischzahn, sich Mangan- und Eisenverbindungen schichtförmig abgelagert haben (Abb. 40). Regelmäßig findet man auch Ansiedelungen festsitzender Tiere auf den unterseeischen Kabeln, ein Umstand, der in der Meeresforschung einmal eine gewisse Rolle gespielt hat. Denn gebrochene Kabel, die man wieder heraufholen mußte, erstatteten damals den ersten Bericht über die Möglichkeit eines Lebens am Tiefseegrunde.

Neben den kriechenden oder im Schlamm wühlenden und den festsitzenden Tieren gibt es dann schließlich noch freier bewegliche, besonders Krebse und Fische, die ein Raubtierleben führen. Die Fische des Tiefseebodens pflegen keine Leuchtorgane, wohl aber oft sehr große Augen zu besitzen. Vermutlich liegen sie lauernd im Schlamme und warten auf Beute. Und diese Beute dürfte vorwiegend aus frei über dem Boden schwimmenden, leuchtenden Tieren bestehen. Überhaupt werden wir annehmen müssen, daß mit dem Leben auf dem Tiefseeboden ein solches von schwimmenden Tieren unmittelbar über ihm, die ihre Nahrung aus ihm gewinnen, in engem Zusammenhang steht, geradeso wie das auch in der Flachsee der Fall zu sein pflegt. Und so wird, wie die herabsinkenden staubartig feinen Massen sich am Grunde zu nahr-

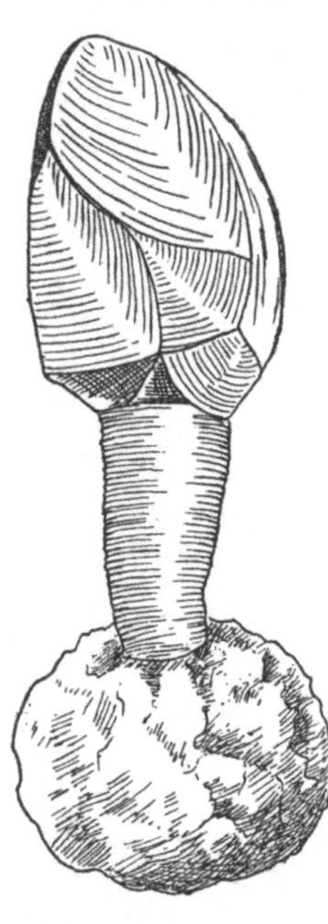

Abb. 40. Sogenannte Entenmuschel (ein niederer Krebs) auf einer Manganknolle festgewachsen.

haftem Schlamm verdichten, auch die Lebensgemeinschaft
schwebender Tiere nahe über dem Boden wieder etwas dichter werden als in den höheren Wasserschichten. Das von
Stufe zu Stufe abnehmende Plankton wird zu allerletzt noch
einmal wieder etwas zunehmen. Sicheres Wissen haben wir
allerdings darüber einstweilen nicht.

25. Der Tod am Tiefseeboden.

Zu den Erscheinungen des Lebens gehört als letzte auch
der Tod. Wenn man so große Zusammenhänge lebender
Wesen betrachtet, wie wir es hier tun, so begegnet man ihm
öfter, aber nicht als dem Gegensatz zum Leben, als bloßem
Nichtleben, sondern er ist dann eine wesentliche Stufe *innerhalb* des Lebens, innerhalb der Lebenszusammenhänge des
Ganzen. In diesem Sinne haben wir schon früher von ihm
gesprochen, als der Stoffwechsel im Meere uns beschäftigte.
Als wir aber zum Studium der Tiefsee übergingen, sahen
wir, von Stufe zu Stufe niedersteigend, immer deutlicher den
Tod *gegenüber* dem Leben als Ganzem, von Tiefe zu Tiefe
mächtiger das Leben bedrohend, es vernichtend. Zugrunde
gegangen ist es allerdings auch am Meeresboden nicht, ja es
hat da im eigentlichen Sinne des Wortes noch einmal neuen
Boden unter den Füßen gewonnen. Aber noch deutlicher als
das sieghafte Wirken des Lebens können wir aus diesem
letzten Blatt im Buche des Ozeans das Wirken des Todes
herauslesen. Nicht alles, was aus dem Kreislauf des Lebens
im Meere herausfällt, kehrt bald in ihn zurück. Es bleibt ein
Rest, der nur langsam zerstört wird, es bleiben wenigstens
von gewissen Pflanzen und Tieren Rückstände, die wenig
oder nicht verändert den Meeresboden erreichen, und alle
diese Reste sammelt der Boden in Schichten auf. Das sind
die Zeugen vom Wirken des Todes im Ozean, die uns in
vergangenes Leben zurückblicken lassen, in lange vergangenes
Leben, ein Leben vieler Jahrtausende.
Skeletteile — wir bezeichnen damit ungefähr alle festen
Rückstände von Tier- und Pflanzenkörpern — sind uns schon

begegnet, als wir vorhin von den drei Fängen des „Michael Sars" sprachen. Die wollen wir uns zunächst noch einmal etwas genauer ansehen. Da waren z. B. Haifischzähne eine häufige Erscheinung am Tiefseeboden. Sie sind das einzige wirklich Dauerhafte von so einem Hai, dessen Skelett ja größtenteils nur aus Knorpel besteht. Dann: ein Ohrknochen von einem Wal. Man findet auch diese oft, immer Ohrknochen, keine andern Knochen. Warum? — Weil sie besonders fest sind. Man bezeichnet ja diese Knochen auch beim Menschen als „Felsenbeine" ihrer Härte wegen. Daß die Knorpel der Haie vergehen, hat nichts Auffallendes, daß aber von Walen immer nur diese Knochen gefunden werden, zeigt, daß die weniger festen Knochen bald verschwinden. Der Kalk der Knochen wird von dem kohlensäurehaltigen Wasser allmählich aufgelöst. Weiter waren da 10 Schalen einer Flügelschnecke und eine Schale von dem eigentümlichen Tintenfisch Argonauta genannt. Das sind alles sehr zarte, aber feste Gebilde, die einen im Wasser schwebenden Tierkörper umhüllen, so daß er sich zum Schutze dahinein zurückziehen kann. Obgleich auch aus Kalk gebildet, widerstehen sie doch lange der Zerstörung.

Die Flügelschnecken (Pteropoden) verdienen nun unsere besondere Beachtung. Das sind meist kleine Tiere, größtenteils nicht über 1—2 cm lang, die häufigsten Formen noch viel kleiner. Bei etwas wechselndem Bau (Abb. 20) haben sie doch immer zwei flügelförmige Fortsätze an ihrem Körper, mit denen sie gleichsam wie kleine Wasserschmetterlinge sich flatternd bewegen. Ihr Hinterleib ist meist in eine Schale eingebettet, die schneckenförmig, trichterförmig, taschenförmig, tütenförmig gestaltet sein kann. Was nun in diesem Zusammenhange an ihnen beachtenswert ist, das ist der Umstand, daß sie oft in Scharen im Plankton vorkommen und in gewissen Teilen des Ozeans so reichlich, daß ihre Schalen dort den wesentlichsten Bestandteil des Meeresbodens bilden. Man spricht dann von „Pteropodenschlamm" (Abb. 41).

Die Verbreitung dieser Bodenart bleibt immerhin in den großen Räumen der Ozeane eine verhältnismäßig geringe.

Aber eine Bodenbildung, die wie diese fast ausschließlich auf eine einzige Gruppe von Tieren oder Pflanzen zurückgeht, deren Skelette fast allein den Boden bedecken, ist am Tiefseegrunde im allgemeinen die Regel. Das liegt offenbar daran, daß erstens nur Reste von eigentlichem Plankton so reichlich und gleichmäßig vorkommen, daß sie zusammenhängende Bodenablagerungen bilden können, und daß zweitens nur verhältnismäßig wenige von den Planktonwesen gut erhaltbare Skelette haben. So kommt es, daß z. B. die so massenhaft vorhandenen und in jedem Netzfang enthaltenen kleinen

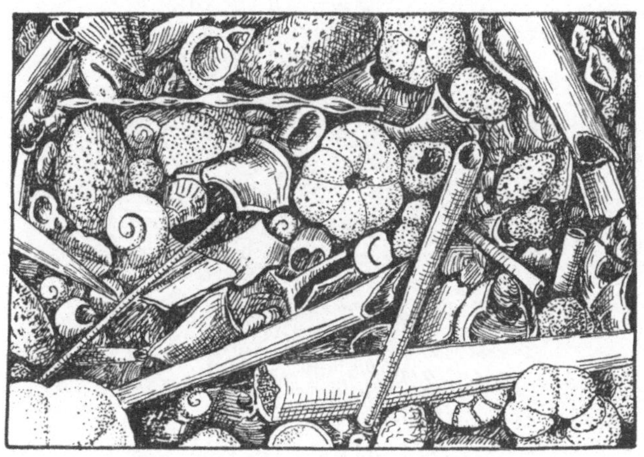

Abb. 41. Pteropodenschlamm, 25 mal vergrößert.

Krebschen (Copepoden u. a.) nach dem Tode gänzlich wieder in ihre Bestandteile aufgelöst werden, dagegen andere, verhältnismäßig seltene Tiere den Meeresboden mit ihren Skeletten nicht nur bedecken, sondern ihn geradezu aus ihren kleinen zierlichen Schalen bilden.

Man nennt die Tierchen, an die ich hier hauptsächlich denke, und die zum Beispiel vom Boden des Atlantischen Ozeans bei weitem den größten Teil bedecken, Globigerinen. Das heißt eigentlich: „Kugelträger". Ihre Schalen (Abb. 42) sind nämlich zusammengesetzt aus etwa einem halben Dutzend kleiner Hohlkugeln verschiedener Größe, die einen auf

den ersten Blick unregelmäßig erscheinenden Klumpen bilden und den gallertigen Körper umschließen. Im Leben, im
Schweben ist die ganze Schale von sehr feinen Kalkstacheln
bedeckt. An den abgelagerten Skeletten (Abb. 43) findet man
diese zarten Stacheln nicht mehr. Die Tierchen sind sehr
klein, die größten kaum über 1 mm groß, so daß man sie
einzeln mit bloßem Auge nur zum Teil noch erkennen kann.

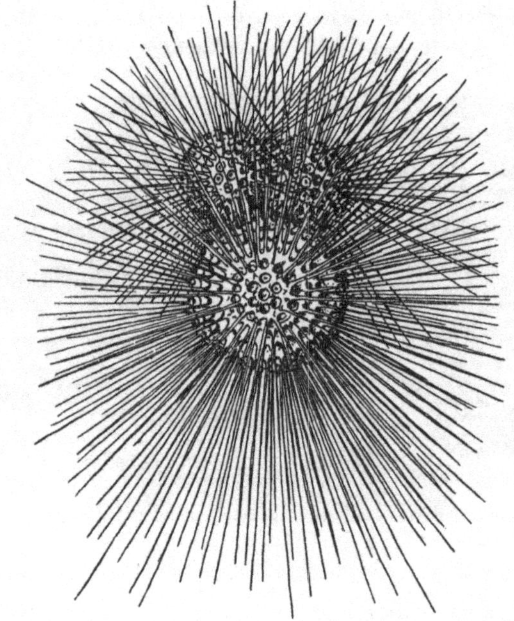

Abb. 42. Globigerina.

Sie bilden in trockenem Zustande eine kreideartige Masse, in
der sich mit dem Mikroskop die einzelnen Schalen deutlich
nachweisen lassen.

Diese Globigerinen sind, wie gesagt, nur ein nebensäch-
licher, wenig auffallender Bestandteil des lebenden Planktons.
In gewissen Teilen des Ozeans gibt es aber auch einen Boden,
dessen Zusammensetzung aus Skeletten als ein ziemlich ge-
treues Abbild des darüberschwebenden Gesamtplanktons er-

scheint. Das ist besonders im fernen Süden, an den Grenzen des Eismeers der Fall. Dort wird — wir haben davon ja schon gesprochen — das Plankton ganz vorwiegend aus Kiesel-

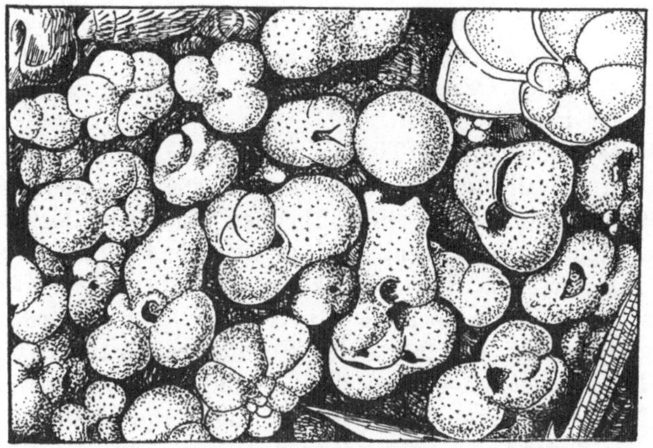

Abb. 43. Globigerinenschlamm, 25 mal vergrößert.

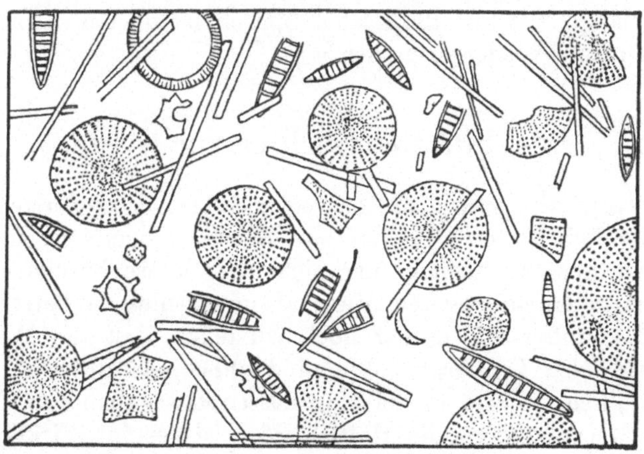

Abb. 44. Diatomeenschlamm, stark vergrößert.

algen (Diatomeen) gebildet, deren zierliche Skelette, so klein und zart sie sind, in Jahrtausenden doch Schicht um Schicht über den Boden lagern und so den Meeresgrund überall, wo sie im Plankton vorherrschend sind, bedecken (Abb. 44). Da entsteht also nicht eine Kalkablagerung, sondern eine solche von Kieselmasse. Auch unter den Tieren des Planktons gibt es ja welche, die Kieselskelette haben, jene wundervollen Radiolarien, deren Skelette die der Diatomeen noch weit an Schönheit und Mannigfaltigkeit übertreffen (Abb. 12). Sie treten im allgemeinen nicht massenhaft auf, aber es gibt doch im Stillen Ozean große Gebiete, wo sie es sind, die die Bodenart bestimmen.

Weite Gebiete des Tiefseebodens aber, und zwar vorwiegend die allertiefsten, lassen von Resten lebender Wesen nichts oder kaum mehr etwas erkennen. Nicht weil dort solche Reste nicht niedersänken, sondern weil die auflösende Kraft des Meerwassers, deren Wirkung wir überall nachweisen können, dort auch über die letzten Reste Herr geworden ist, auch die letzten von den vielen Formen zerstört hat, welche das Leben oben im Licht in so unendlicher Fülle dem toten Stoff gegeben hatte. Eine gleichförmige zähe Masse bedeckt dort den Grund, der sogenannte Rote Ton. Wo er lagert, da sind wir nun wirklich am äußersten Ende unseres Weges angelangt. Bis auf die letzten Spuren ist da das Leben des Weltmeers wieder erloschen.

26. Von der Hochsee zur Küste.

Wenn wir, von der Hochsee zur Tiefsee niedersteigend, schließlich an eine Grenze des Meeres gekommen sind, so würde uns das noch immer nicht zu hindern brauchen, das Meer in einem engeren Sinne als grenzenlos zu betrachten. Wir könnten uns immer noch vorstellen, daß die Wassermassen den Erdkörper völlig und ohne jede Unterbrechung umhüllten, so wie es die Luftmassen tatsächlich tun. Wäre das Meer nur um die Hälfte tiefer, als es in Wirklichkeit ist, so würden von den Landmassen der Erde nur noch wenige zerstreute Inselgebiete übrigbleiben, von Europa z. B. fast nur jene höchsten Teile der Alpen, die von ewigem Schnee bedeckt sind. Ein grenzenloses Meer wäre wohl denkbar.

Fraglich allerdings ist es, ob das Leben in diesem Meere

sich nicht doch wesentlich anders gestalten müßte als in den wirklichen Ozeanen, ob nicht doch das Dasein der Landmassen einen tiefgreifenden Einfluß auf das Leben des Weltmeeres hat. Es wäre ja denkbar, daß wir die Bedeutung der vom Lande auf das Meer ausgeübten Einflüsse unterschätzen, da wir sie einstweilen noch nicht messen können, ebenso wie man sie eine Zeitlang wohl *über*schätzt hat. Wir werden uns jedenfalls noch die Frage vorlegen müssen: Welche Veränderungen finden im Leben des Ozeans statt, wo Küsten in der Nähe sind?

Die ersten leisen Spuren der Annäherung an die Küste können schon sehr weit draußen im offenen Ozean auftauchen, ja strenggenommen fehlen die Anzeichen davon, daß die große Wassermasse irgendwo einmal zu Ende ist, daß es irgendwo eine Küste gibt, vielleicht nirgends. So weit ein Vogel fliegt, trägt er auch die Erinnerung an Land mit sich über das Meer, und wir dürfen annehmen, daß es keinen Punkt auf dem Weltmeer gibt, den kein Vogelflügel erreicht. Auch treibende Tange, welche die Brandung von felsigen Küsten losgerissen hat, können außerordentlich weite Wege zurücklegen, bevor sie zerfallen und verschwinden. In etwa 5o⁰ südlicher Breite, in der Breite des Südendes von Südamerika umkreist eine gewaltige Strömung, die Westwindtrift, den ganzen Erdball. Wenig Festland und wenige kleine

Abb. 45. Riesentang der Westwindtrift. Jedes „Blatt" am Grunde mit einer Schwimmblase.

Inseln stellen sich ihr in den Weg. An den Küsten aber,
welche dieser mächtige Ringstrom bespült, wachsen braune
Tange von riesenhafter Größe (Abb. 45). Wie groß sie
eigentlich werden können, ist schwer zu sagen. Man behaup-
tet 60, ja 100 m lang. Ein auf hoher See treibendes Stück,
welches ich selbst gemessen habe, hatte 17 m Länge. Und
solche Tange scheinen nirgend in der Westwindtrift ganz
zu fehlen. So wären die Spuren vom Leben äußerst be-

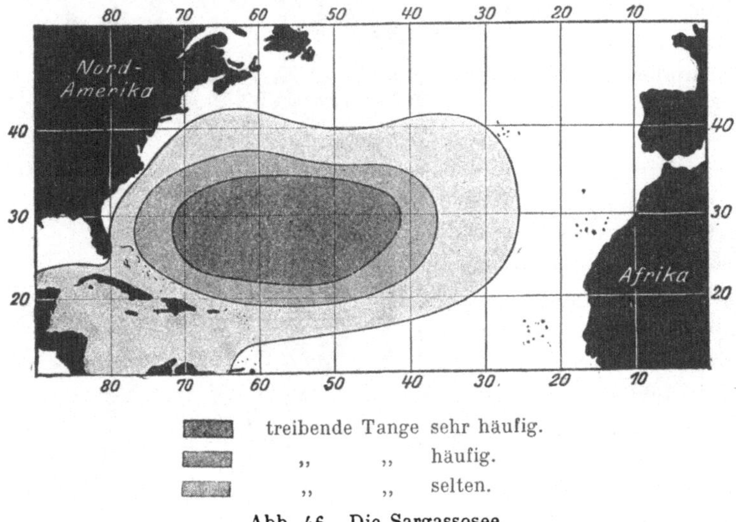

treibende Tange sehr häufig.
    ,,   ,,   häufig.
    ,,   ,,   selten.

Abb. 46. Die Sargassosee.

schränkter Küstengebiete in diesem landarmen Meere rings
um die ganze Erde verstreut.

Eine besonders eigentümliche Beziehung zwischen Küste
und Hochsee, die auch durch Tange hergestellt wird, besteht
in dem Meeresgebiet zwischen den Azoren und den westindischen Inseln, der sogenannten Sargassosee (Abb. 46).
Auf der Fahrt des Kolumbus, welche zur Entdeckung von
Amerika führte, begegneten den Schiffen westlich der Azoren
große Mengen treibender Tange. Die Seefahrer waren gewohnt, derartiges als ein Zeichen der Küstennähe oder des
Vorhandenseins unterseeischer Riffe anzusehen. Aber kein

116

Land tauchte auf, und so tief die Lotleinen hinabreichten, war kein Grund zu finden. In der Tat ist das Meer dort Tausende von Metern tief und Tausende von Kilometern entfernt von der nächsten amerikanischen Küste. Und doch treiben dort Tange in solchen Massen, daß sich die über-

treibenden Seemannsberichte über sie zu Fabeln von undurchdringlichen Tangfeldern auswachsen konnten. Gewöhnlich sind diese Tange in Streifen angeordnet, die in der Windrichtung verlaufen. Sie bieten einen herrlichen Anblick, wenn das Schiff durch das stille, warme Meer fährt. Zu goldenen Bändern vereinigt, die oft hinausreichen bis an den fernsten Meeresrand, durchziehen sie die tiefblaue, wunderbar durchsichtige Wasserfläche. Fischt man sie heraus, so erkennt man Büschel (Abb. 47) mit schmalen, etwas zakkigen Blättern, und dazwischen beerenartige Körper verteilt. Man möchte sie für Früchte halten, es sind aber nur

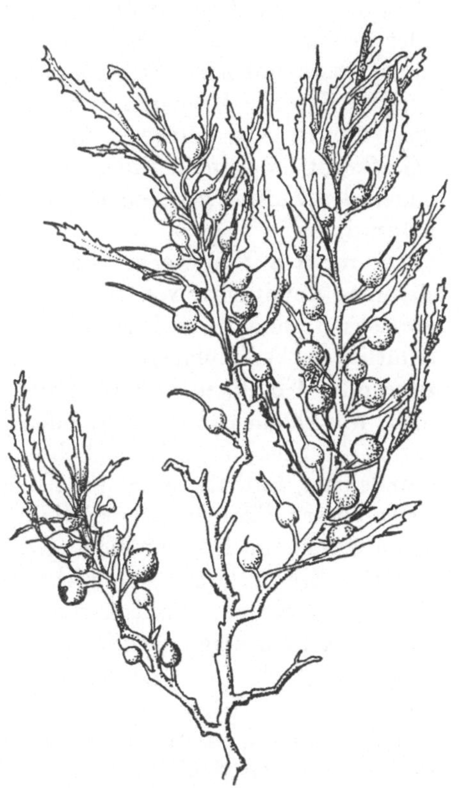

Abb. 47. Sargassum oder Beerentang (Golfkraut).

Blasen, welche den „Beerentangen" das Schwimmen ermöglichen. Die Büschel scheinen vom festen Grunde abgerissen zu sein. In der Tat wachsen ganz ähnliche Pflanzen auch an den Felsküsten der westindischen Inseln. Mancherlei Gründe deuten aber darauf hin, daß die meisten Stücke seit langer Zeit

schon so treiben. Sie wachsen offenbar weiter und zerfallen
wohl von Zeit zu Zeit in Bruchstücke, die dann ein selbständi-
ges Leben führen. Auch sind ihre Verwandten an der Küste
anders gestaltet als sie selbst. Man kann also ihre Herkunft
nicht so einfach davon ableiten wie bei den Riesentangen des
Weltmeeres, muß vielmehr annehmen, daß sie schon mehr
oder weniger wirkliche Hochseepflanzen geworden sind. Wenn
ihnen überhaupt noch Ersatz von der Küste her zufließt, aus
dem Karibischen Meer und dem Golf von Mexiko, so kann das
doch nur in sehr geringem Maße der Fall sein. Der Name
„Golfkraut“, den man ihnen in der Annahme einer solchen
dauernden Zufuhr gegeben hat, ist also wahrscheinlich wenig
berechtigt.

Die meisten Tange aber, die man auf See treibend findet,
stammen unmittelbar von der Küste, sind dort irgendwo auf-
gewachsen, sind dann losgerissen worden und gehen, ihren
natürlichen Wohnplätzen entfremdet, über kurz oder lang
zugrunde. Mit ihnen kommt mancherlei anderes geschwom-
men, wie Quallen, Seegräser, oder Reste von Tieren, die an
der Küste leben, etwa jene „Schulpe“ der Tintenfische, d. h.
sehr leichte, lufthaltige kalkige Skelettplatten, welche manche
Arten dieser Tiere unter der Haut tragen. Ferner wird oft
lange vorher die Küstennähe angedeutet durch das Auftreten
gewisser Seevögel, die sich nicht allzu weit auf das offene
Meer hinauswagen. Die Tölpel z. B. pflegen abends an Land
zurückzukehren, die mächtigen Fregattvögel, deren schönes
Flugbild jedem aufmerksamen Seefahrer aus tropischen
Meeren bekannt ist, sieht man fast niemals weit vom Lande.
Bei den Möwen ist es ja im allgemeinen so, daß sie zwar
weit hinaus den Schiffen folgen, aber doch ihre Zunahme
an Zahl ein sehr regelmäßig auftretendes Zeichen der Annäherung an Land ist. Und ebenso ist es bei den Delphinen,
diesen unvergleichlich schönen Schwimmern, die in so wundervollen Bewegungen oft den Bug des Schiffes umspielen
Grenzen zwischen Hochsee und Küstenwasser zu bestimmen, ist in allen diesen Fällen nicht wohl möglich. Am ehe-
sten mag es noch beim Plankton gelingen, wenigstens in
Fällen, wo eine Küstenströmung sich scharf gegen das ozea-

nische Wasser absetzt, wie es wohl manchmal geschieht. Ein guter Wegweiser ist da oft die Farbe des Wassers, denn sie wird gewöhnlich vorwiegend durch den Planktongehalt bestimmt. Ozeanisches Wasser ist meist blau, Küstenwasser gewöhnlich grün, auch bräunlich, zum wenigsten trüber blau. Manchmal ist die Grenze des verfärbten Wassers so deutlich und beständig, daß sie sich sogar in die Seekarten hat einzeichnen lassen.

Soweit diese Verfärbung eine Folge vom Planktongehalt ist, pflegt sie zunächst weniger auf der Zusammensetzung als auf der Dichte der schwebenden Lebensgemeinschaft zu beruhen. Gegenüber dem, was man von der Hochsee her gewohnt ist, steigt der Planktongehalt in einem gewissen Abstand von der Küste meist außerordentlich schnell und erreicht in unmittelbarer Landnähe, zumal in Buchten, oft ganz ungeheure Werte. Während im offenen Ozean die Zahl von 10000 Zellen im Liter wohl schon über dem Durchschnitt liegt, kommen in Küstennähe nicht selten 100000, ja eine oder zwei, selbst fünf Millionen vor. Derartige Anreicherungen müssen ja notwendig das Wasser trüben und verfärben.

Gewöhnlich beschränkt sich dies gewaltige Wuchern auf einige wenige Arten mikroskopischer Pflanzen. Die bunte Mannigfaltigkeit der Hochseefänge weicht einer gewissen, manchmal einer außerordentlichen Einförmigkeit. Und die Arten, welche man da vorwiegend findet, sind dann meist solche, die man draußen im freien Meere nur selten oder gar nicht angetroffen hat. Es sind Formen, die im Flachwasser und der Landnähe erst ihr rechtes Gedeihen haben. Auf dies üppige Leben neuartiger Pflanzen aber gründet sich dann ein nicht weniger, ja vielleicht noch viel stärker verändertes Tierleben.

27. Flachseeplankton.

Als wir uns anfangs mit dem Plankton des freien, uferlosen offenen Ozeans beschäftigten, war uns das als besonders merkwürdig bewußt geworden, daß echtes Plankton eine

Form des Lebens ist, welche vollkommen frei von jeder Beziehung zur festen Erdrinde lebt. Hier nun verliert dies wichtige Merkmal seine Geltung. So haben wir hier eigentlich kein reines, echtes, vollkommenes Plankton mehr. Viele von den Pflanzen und Tieren dieser Gemeinschaft nämlich bedürfen des Meeresbodens. Ihr Schweben ist kein ununterbrochener, durch unzählige Geschlechter gleichmäßig fortdauernder Zustand. Sie können sich nicht dauernd erhalten, ohne von Zeit zu Zeit mit dem Boden in Berührung zu kommen.

Bei den Kieselalgen (Diatomeen) z. B. gibt es viele, die Dauerzustände bilden, in denen das Leben gleichsam in einem Schlafzustande sich befindet, die nicht schweben, sondern zu Boden sinken und eine Zeitlang, besonders in der kalten Jahreszeit, dort ruhen. Später steigen sie wieder empor, schweben und erzeugen lange Folgen schwebender Zellen. Ähnlich viele andere planktonische Pflanzen. Bei den Tieren ist die Bindung an den Meeresgrund vielfach insofern noch eine wesentlich engere, als nicht nur einzelne Glieder langer Generationsketten, sondern jedes Einzelwesen der betreffenden Arten eine Zeitlang frei schwebend, zu einer andern Zeit aber auf dem Boden kriechend, im Boden eingegraben oder geradezu festgewachsen lebt.

Das Plankton des Flachwassers ist reich an Larven von Bodentieren, d. h. von Jugendformen, die ganz anders als die Erwachsenen gebaut sind, einer ganz andern Lebensweise angepaßt. Sie alle müssen einmal eine Verwandlung durchmachen, ähnlich wie sich eine Raupe in einen Schmetterling verwandelt (Abb. 48). Und gleichzeitig verschwinden sie aus dem Plankton, um nun als ganz andere, meist gar nicht wiederzuerkennende Wesen am Boden weiterzuleben. Die Fülle der Larven, die man z. B. in der Nordsee findet, ist sehr groß. Schwämme, Hohltiere, Würmer, Muscheln, Moostierchen, Seesterne, Seeigel und ihre Verwandten, Krebse, Manteltiere, auch Bodenfische durchlaufen eine schwebende Jugend. Viele wunderschöne Gestalten gibt es unter diesen Larven. Sie bilden die reizvollsten Gegenstände der Betrachtung für den, der zum erstenmal mit einem Mikroskop an das Meer kommt.

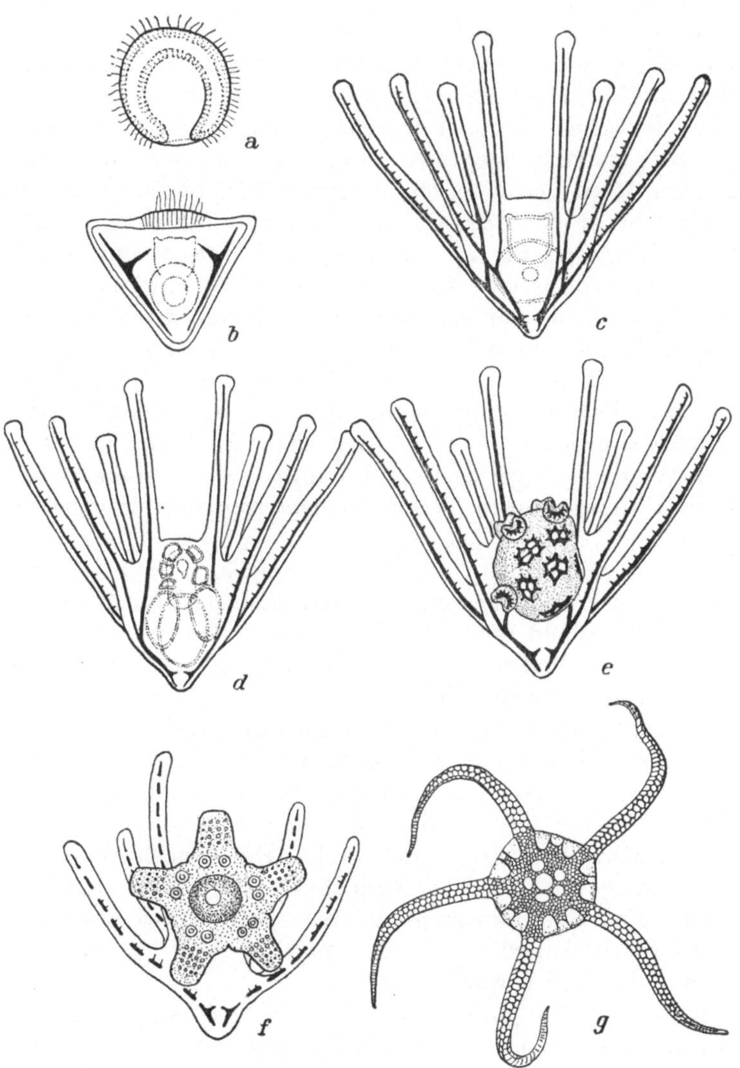

Abb. 48.   Entwicklung eines Schlangensterns.   *a—e* Larven verschiedenen Alters, *f* Übergangsform, *g* ausgebildetes Tier.

Viele von diesen vormaligen Schwebewesen sitzen im ausgewachsenen Zustande geradezu am Boden fest, sie müssen sich nach dem freien Wanderleben mit einem einzigen Punkt im weiten Meere begnügen, an dem sie ihr Leben zu Ende führen. Bei einigen der bekanntesten Planktontiere auch unserer deutschen Meere ist dagegen das Verhältnis gerade umgekehrt; sie verbringen ihre erste Jugend an den Boden gebunden, lösen sich dann los und schweben nun bis zu ihrem Tode frei in der See. Es sind Riesen des Planktons: die Quallen, welche wir in der Nord- und Ostsee vom Schiff oder Boot aus treiben sehen, die uns beim Schwimmen begegnen oder die wir von der Brandung auf den Sand geworfen finden. Ihren Ursprung bilden kleine, ganz unscheinbare, dem Boden aufgewachsene Tierchen von kelchförmiger Gestalt, „Polypen", von denen sich die jungen Quallen abschnüren, gleichsam wie ein Blatt sich vom Baum löst und vom Winde davongetragen wird. Langsam wachsen die zarten kleinen sternförmigen Wesen zu den großen Glockentieren heran.

Bodengebundenheit trotz aller scheinbaren Schwebefreiheit ist also ein wesentliches Merkmal des Flachwasserplanktons. Sobald es zu weit in den Ozean hinaustreibt, verliert es „den Boden unter den Füßen" und muß zugrunde gehen. Noch manche andern Eigenschaften der besonderen Umgebung greifen neben diesen Entwicklungsnotwendigkeiten in sein Leben ein. Wir können in den meisten Fällen nicht deutlich erkennen, warum diese oder jene Form erst im Flachwasser auftritt, diese oder jene ozeanische Planktongestalt nahe der Küste verschwindet. Die Umgebung ist ja so vielseitig verändert. Die Verhältnisse der Temperatur, des Salzgehalts, der Bewegung und der verschiedensten chemischen Eigenschaften des Wassers sind ganz anders als in der offenen Hochsee geworden.

Eines aber ist unverkennbar in seiner Wirkung auf das Leben dieser Lebensgemeinschaft, jenes eine, auf dessen grundlegende Bedeutung wir immer wieder aufmerksam geworden sind, die Bedingungen der Ernährung des Planktons. Wir sind hier in ein Gebiet üppigsten Gedeihens eingetreten, ja eines Gedeihens, das alles übertrifft, was wir bisher kennengelernt haben. Es *muß* also sehr viel Nahrung vorhanden sein. Woher kommt sie? Wo liegen die Quellen dieser Fülle?

Als wir bei der Hochsee diese Frage erörterten, erwies sich als die große Schwierigkeit der Umstand, daß die absterbenden Körper immer weiter in die Tiefe sinken und dadurch zunächst dem Kreislauf des Lebens in der Oberschicht entzogen sind. Beim Leben auf dem Lande ist eine derartige Schwierigkeit garnicht vorhanden, man hat daher keine Veranlassung, nach den Nährstoffquellen viel zu suchen. Hier steht nun die Flachsee in ihren Ernährungsbedingungen dem Lande näher als der Tiefsee. Denn die Bodennähe und der Umstand, daß bis zum Grunde hinab das Wasser bewegt werden kann, sei es durch Strömungen, durch Wellen oder infolge von Durchmischungen, die von den Temperaturveränderungen abhängen, sie bewirken, daß die meisten organischen Reste sehr bald wieder in den Bereich lebender Wesen zurückkehren und neu verwertet werden. Es bedarf also nicht der gewaltigen Kreisläufe, die im Ozean dem Plankton neue Nährstoffe zuführen, der ganze Wechsel und Austausch der Stoffe beschränkt sich auf einen verhältnismäßig engen Raum.

Aber bei der freien Verbindung, in welcher im allgemeinen die Flachsee mit dem Ozean steht, geht doch immerhin ein großer Teil der Nährstoffe im Laufe der Zeit verloren, indem Tiere und Pflanzen lebend oder tot hinausgetragen werden und in der Tiefe verschwinden. So kann das Plankton sich hier auf die Dauer in seiner besonderen Üppigkeit nur erhalten, wenn unablässig neue Zufuhr stattfindet. Und in der Tat gibt es in den Küstengebieten dafür eine reiche, immer fließende Quelle. Es ist das Binnenland. Alle Flüsse und Ströme führen ja unablässig mit ihren Wassermassen große Mengen von Resten tierischer und pflanzlicher Körper dem Meere zu, welche in der einen oder andern Weise zu einem Neuaufbau verwertbar sind. Es ist selbstverständlich, daß diese Stoffe zu allererst den Küstengewässern zugute kommen. Wie diese also dauernd an die Tiefsee von ihrem Reichtum abgeben, so nehmen sie dauernd von den Festländern.

Die Menge der Nährstoffe und damit die Menge des
Lebens, welches in flachen Küstengewässern erzeugt wird,
hängt infolgedessen davon ab, wie groß die Menge des zu-
geführten Süßwassers im Verhältnis zu der Ausdehnung der
vorgelagerten Flachsee ist. Trefflich tritt die Bedeutung dieses Zusammenhangs hervor, wenn man zwischen der Nordsee und dem Mittelmeer einen Vergleich zieht. Die Nordsee
ist im Verhältnis zu ihrer Größe außerordentlich reich an
Süßwasserzufuhr, in das viel größere Mittelmeer aber mün-
den nur ganz wenige große Ströme. Man versteht daraus
leicht, daß an den Küsten des blauen Mittelmeers das Plankton seiner Masse nach ganz unverhältnismäßig ärmer ist,
daß es viel weniger dicht ist als in den grünlichen Fluten der
Nordsee.

In der küstennahen Flachsee befinden wir uns gewissermaßen an einem Höhepunkt des ozeanischen Lebens, das hier
unbedingt seine höchsten Dichtigkeitsgrade erreicht. Das
Meer erscheint an seinen Küsten mit Leben gesättigt. Zunächst mit Plankton, aber natürlich ist es mit den Boden-
siedlern und den Fischen nicht anders.

28. Auf den Fischgründen.

Die mächtigsten Eindrücke von der Fülle des Lebens in den
seichten küstennahen Gewässern empfängt man in den Gebieten der großen Fischereien. Ich erinnere mich einer Früh-
lingsnacht an der Küste von Island, wo ich zum ersten Male
an dem Fischfang großen Stils teilnahm. Wir hatten nach
tagelanger öder Fahrt am Nachmittag die Küste gesichtet.
Bald hob sich mit schwarzen Felsen und leuchtenden Firneis-
massen die Insel prächtig aus dem grünen Wasser. Zahllose
Vögel umflatterten die Schiffe. In der Abenddämmerung
wurde das große Scheernetz ausgeworfen. Stundenlang ging
es mit ganz langsamer Fahrt über seichten Grund. Nach
Mitternacht kam der Fang an Bord. Die Maschine rasselte,
die Taue ächzten, alle Mann arbeiteten am Netz, bis der Netz-
beutel als ein mächtiger Ball über dem Vorderschiff hing.

Er wurde geöffnet, und nun ergossen sich prasselnd viele Zentner prachtvoller Fische auf das Verdeck, Kabeljau, Blaufische, Schellfische, Plattfische u. dgl. m. So wird Tag und Nacht ununterbrochen gearbeitet. Nach wenigen Tagen ist der Raum des kleinen Dampfers mit Fischen gefüllt. Wer einmal dem Fischtrocknen, der Zubereitung des Stockfisches an den Küsten des nördlichen Norwegens oder Neufundlands beigewohnt hat, wird dieselben mächtigen Eindrücke empfangen haben. Auch die Fischmärkte der Nordsee erzählen mit beredter Sprache von diesen Reichtümern des Meeres.

Im Zusammenhange unserer Gedankengänge sind, wie ich schon andeutete, diese außerordentlichen Bilder der Lebensfülle einigermaßen irreleitend. Sie beweisen nicht den Reichtum des Ozeans, sie zeigen nur, wie reich das Meer sein *kann*, wie erstaunlich sich das Leben in ihm unter günstigsten Umständen verdichten kann. Nicht einmal von dem Lebensertrag der Flachsee gewinnt man an diesen Stätten der großen Fischereien das richtige Bild. Denn nach Raum und Zeit ist, was wir da sehen, stets nur eine recht engbegrenzte Erscheinung, die sich meist auf kurze Zeiten und auf wenige gute Fangplätze beschränkt.

Gewiß ist die Grundlage dieser Fülle jene allgemeine hohe Ertragsfähigkeit der Flachsee. Aus den dichten Planktonmassen nähren sich die Jungfische, auch zum Teil die Erwachsenen, wie etwa die Heringe. Die meisten großen Fische leben entweder von kleineren oder von den Bodentieren. Alles das ist hier ja in Fülle vorhanden. Auch die Pflanzen des Meeresbodens wirken an dem Aufbau dieser großen Erträge mit. Nicht etwa in der Weise, daß sie von den Fischen abgeweidet würden, sondern dadurch, daß sie die Urnahrung für Bodentiere liefern, welche ihrerseits von den Fischen gefressen werden. Durch vieljährige dänische Untersuchungen ist sehr überzeugend nachgewiesen worden, daß im Kattegat die Grundlage der Fischerei eigentlich das Seegras ist. Weite Seegraswiesen bedecken die flachen Gründe. Wenn diese Pflanzen absterben, werden sie brüchig und zerfallen. Die Bewegung des Wassers lockert und zerreibt ihre verwesenden Blätter mehr und mehr, verwandelt sie allmählich in eine staubfeine Masse, die wohl lange schwebt und treibt, langsam aber sich ablagert. Sie enthält Nährstoffe so gut wie die zur Tiefsee absinkenden Pflanzenreste. Davon leben die Bodentiere. Muscheln strudeln sie durch einen Wasserstrom in ihren Körper hinein, Seeigel und Seesterne fressen den Schlamm, der sie enthält, festsitzende Würmer sammeln sie mit ihren ausgespreizten feinverzweigten und bewimperten Fangarmen auf. So bilden also die Urnahrung hier vorwiegend wurzelnde Pflanzen, wennschon auch die schwebenden mit ihnen, und an andern Stellen wohl sie allein, das ursprüngliche Nährmaterial darstellen.

Von wesentlicher Mitwirkung bei diesen äußersten Lebensverdichtungen des Meeres ist aber noch ein anderer Umstand, nämlich die selbsttätige Zusammenscharung der schwimmenden Tiere in den Laichzeiten. Neben und mit der Ernährung wirkt also die Fortpflanzung. Zur betreffenden Jahreszeit versammeln sich die Fische auf flachen Bänken im ruhigen Wasser, die Heringe z. B. oft in solchen Massen, daß ihre abgelegten Eier den Boden vollständig bedecken. Auch können Ernährungs- und Fortpflanzungsbedürfnisse in eigentümlicher Weise ineinandergreifen. Die große Neufundlandfischerei beruht z. B. darauf, daß zu Beginn des Sommers die nordischen Stinte, danach gewisse Tintenfische, schließlich Heringe in großen Massen zum Laichen an die Küsten kommen. Aber nicht diese Tiere werden gefischt, sondern die Kabeljau, welche sie verfolgen und für die man jene kleineren Tiere als Köder benutzt.

Wegen der großen wirtschaftlichen Bedeutung, welche alle diese Dinge für uns haben, sind seit Jahrzehnten über das Leben und seine Bedingungen in den Gebieten der großen Fischereien viel eingehendere Untersuchungen gemacht worden als über irgendwelche andern Meeresgebiete. So könnte ich noch viel davon erzählen. Doch berühren unsern Gegenstand diese Fragen ja nur von fern. Ich möchte die Aufmerksamkeit nicht allzusehr ablenken vom großen Bilde des offenen Ozeans, um auf engere, wennschon für das Leben der Menschen bedeutsamere Verhältnisse einzugehen. Ich wollte im Gegenteil nur verhindern, daß uns durch diese

naheliegenden Gegenstände das Bild des dahinter ausgebrei-
teten Weltmeerlebens verzerrt würde. Von wesentlichem Wert
ist uns hier nur die aus jenen Arbeiten über die Grundlagen
des Fischlebens zu gewinnende Erkenntnis, wie und wann das
Leben des Meeres sich an seinen Rändern so auffallend verdichtet und unter besonderen Umständen die höchsten Erträge erreicht, die auf der Erde vorkommen.

29. Ein Abstieg zum Meeresgrund.

Was also die Küstengewässer vom offenen Ozean unterscheidet, ist das Zusammentreffen einer Anzahl besonders
günstiger Lebensbedingungen, zumal vortrefflicher Bedingungen der Ernährung, die zur Folge haben, daß das Leben
der Tiere und Pflanzen dort wesentlich üppiger als sonst im
Ozean gedeiht. Wir gewinnen nahe den Küsten immer wieder
den Eindruck vom großen Reichtum des Meeres. Doch zugleich noch einen andern: den der größeren Verschiedenartigkeit der Lebensbilder. Für den offenen Ozean ist ja das
bezeichnend, daß man ungeheure Strecken durchfahren kann,
ohne eine wesentliche Veränderung zu bemerken. In der
Flachsee liegen vielerlei verschiedene Arten von Tier- und
Pflanzengesellschaften eng beieinander.

Wie reizvoll ist dieser Wechsel der Lebensgemeinschaften,
wenn man auf flachem Wasser im Boote dahinfährt und das
Auge hingleiten läßt über die gründämmerigen Gründe!
Gelber Sand wird abgelöst durch weichen, grauen Schlick,
durch Gestein oder Felsgründe. Seegraswiesen, Tanggebüsche
ziehen vorüber, aus Klippenlöchern leuchten die bunten Seenelken und Schwämme. Dort ist der gleichförmige Boden
gleichförmig mit Muscheln und Seeigeln bedeckt, hier im
felsigen Grunde lugt aus jeder Ecke, jeder Spalte neues
wunderliches Getier. Junge Fischlein ziehen in Schwärmen
über die Sandgründe hin oder schnappen vom Schlickboden
Würmer und Krebschen auf, die unsere Augen nicht mehr
sehen, während um die Felsen zierlich bunte Fische einzeln
streichen. Auf den Blättern der Seegräser sind Schnecken,

Asseln und vieles andere Kleingetier zu Hause. Fahren wir an einer Landungsbrücke entlang, so überrascht uns der Anblick der Pfähle, welche sie tragen: da ist oft nichts mehr von Holz zu sehen; soweit sie unter Wasser stehen, sind sie dicht überzogen mit Muscheln, Seepocken, Seemoos, Schwämmen, Seenelken, Röhrenwürmern, zwischen denen Seesterne haften und Taschenkrebse umherklettern — eine wahre Wildnis festgewachsener Tiere.

Fahren wir weiter hinaus, wo das Auge den Boden nicht mehr erreicht, und werfen das Netz aus, so finden wir neue und wieder neue Gemeinschaften von Bodentieren. Begleiten wir die Fischer, so erkennen wir, daß ganz bestimmte Gebiete für den Fang geeignet sind, andere nicht. Selbst das Plankton, das doch naturgemäß gleichmäßiger verteilt ist als die Pflanzen und Tiere des Bodens, zeigt in unmittelbarer Küstennähe, in der Umgebung von Häfen und Flußmündungen beträchtliche Unterschiede von Ort zu Ort.

Dies wirre Durcheinander wechselnder Gruppierungen von lebenden Gestalten hat nichtsdestoweniger seine bestimmten Ordnungen und Gesetze. Aber im Gegensatz zu den nach großen, einfachen Regeln stattfindenden Anpassungen an das Leben im offenen Ozean sind die Beziehungen zu der Umgebung hier so mannigfaltig wie die Umgebung selbst. Die freie, offene See bietet uns in großer Einartigkeit das Leben dar, das hier in Vielartigkeiten aufgelöst und daher viel schwerer zu überblicken ist. Und doch werden wir bald einige Regeln in der Anordnung dieser Lebensgemeinschaften erkennen, wenn wir sorgfältig beobachten. Die klarsten Regeln wohl, wenn wir die Veränderungen der Bodenbesiedelung von der Oberfläche zur Tiefe betrachten, weil in dieser Richtung die Lebensbedingungen sich gewöhnlich am schnellsten und gesetzmäßigsten ändern. Wir bemerken dann eine wohlgeordnete Stufenfolge der Besiedelung des Meeresbodens.

Eine solche Stufenfolge ist uns ja auch von der Hochsee wohlbekannt, eine allmähliche Veränderung des Planktons, bedingt durch die Abnahme des Lichts. Wieder sind da die Verhältnisse im offenen Ozean einfacher und klarer als in der Flachsee. Auch hier wirkt selbstverständlich das Licht ab-

stufend auf die Lebensverteilung, aber vieles andere wirkt
dabei mit, besondere Bedingungen, die auf dem Zusammentreffen von Wasser und Land beruhen.

Steigen wir an einer felsigen Küste, die im allgemeinen
reicher an Leben ist als eine sandige, zum Meere nieder, so
bemerken wir die ersten Wassertiere gewöhnlich schon etwas
oberhalb des Wassers, selbst bei seinem höchsten Stande.
Es sind Schnecken, welche sich mit Vorliebe ein wenig über
der Linie des höchsten Wasserstandes aufhalten, wo sie in
der feuchten, salzigen Luft in Scharen dem Felsen ange-
klebt sitzen und nur von den Spritzern der Brandung von
Zeit zu Zeit benetzt werden. Weiter hinab kommen wir in
die Zone, welche bei Hochwasser dem Meere, bei Niedrig-
wasser dem Lande angehört, die Schorre, deren Wasserbedeckung täglich zweimal mit den Gezeiten wechselt. Die
Pflanzen und Tiere, welche dort leben, müssen offenbar imstande sein, täglich kürzere oder längere Zeit der Wasserbedeckung zu entsagen, ohne durch die Austrocknung in Luft
und Sonne oder durch das Süßwasser des Regens geschädigt
zu werden. In dieser Zone gibt es schon eine ganze Menge
Tange, hartschalige Tiere und solche, die sich in Spalten und
Löcher zurückziehen können, ja auch ganz weiche Tiere, wie
Schwämme, Seenelken, Seescheiden, Seemoos, die aber dann
allerdings meist an den feuchtesten, wenigst gefährdeten
Plätzen leben. Vor allem aber wird das Leben der Schorre
dadurch reich, daß Höhlungen, Becken, Mulden, Rinnen
und Spalten im Felsgrund vorhanden sind, in denen ein Rest
Wasser zurückbleibt, ein Tümpel, in dem oft ein buntes
Durcheinander merkwürdiger Tiere herrscht. In diese kleinen
Naturaquarien hinabzublicken, ist eines der unterhaltsamsten
Dinge am Meeresstrande.

Man kann gewöhnlich auch noch innerhalb der Schorre
verschiedene Zonen unterscheiden. Da gibt es z. B. einen obersten Streifen, der also nur sehr kurze Zeit von Wasser bedeckt ist, in dem gewisse festgewachsene Krebse, sogenannte
Seepocken, und grüne Schlauchalgen leben. Etwas tiefer folgen Brauntange, und so geht es durch mehrere Stufen weiter
abwärts, je nach dem Wasserbedürfnis der Pflanzen und

Tiere. Stärkere Veränderungen treten dann ein, wenn man unter die Niedrigwassergrenze kommt, wo also eine Entblößung von Wasser gar nicht mehr stattfindet. Man kann diese Zone noch vom Boot aus einigermaßen studieren und wird wieder viel Neues entdecken, das nun noch ziemlich weit unter die Grenze der Sichtbarkeit hinabgeht. Reich besiedelte Tanggründe erstrecken sich ein paar Meter tief, aber erst bei etwa 30 bis 40 m Tiefe läßt sich wieder eine einigermaßen deutliche Grenze ziehen: das Leben der bodenständigen Pflanzen hat dort sein Ende. Das Licht genügt noch eben für ein paar Rotalgen, aber dann ist es auch mit den letzten verstreuten, verirrten, kümmerlich gedeihenden Tangen vorbei.

Waren die obersten Zonen durch den Grad der Wasserbedeckung bestimmt, die letztgenannte durch das Schwinden des Lichtes, so gibt es nun noch eine letzte einigermaßen feste, einigermaßen deutlich erkennbare Grenze, die bedingt wird durch die Wasserbewegung und ihren Einfluß auf die Ablagerung von Schwebestoffen, von all den vielen Resten sowohl des Planktons wie der bodenständigen Pflanzen und Tiere und den fein verteilten Stoffen, die überall vom Lande her in die See geschwemmt werden. Man nennt diese Grenze die Mudlinie. Es verhält sich nämlich so mit ihr: Überall, wo die Wasserbewegung durch Wellen, Strömungen, Gezeiten, insbesondere auch durch die tief aufwühlenden Stürme noch wirksam ist, können jene feinen Schwebestoffe nicht zu dauernder massenhafter Ablagerung kommen. Erst in der Ruhe der größeren Tiefen senkt sich das alles wie lockerer Schnee bei stiller Luft langsam und ungestört auf den Boden nieder. Die Tiefe, in der diese Ablagerung beginnt oder wo sie deutlich zur maßgebenden Eigenschaft des Bodens wird, beträgt etwa 200 m. Sie entspricht also ungefähr der Grenze zwischen dem Schelf und dem steileren Abfall des Festlandes zum Tiefseeboden.

Nun haben natürlich diese feinen Schwebestoffe auch hier wieder eine große Bedeutung für das Leben am Grunde. Eine neue, eigentümliche Gemeinschaft von Bodentieren taucht unterhalb der Mudlinie auf, von Tieren, die von dem abgelagerten Mud sich nähren. Und naturgemäß schließt

sich an sie wieder eine Gruppe von Raubtieren an. Insbesondere ist für viele Fische hier ein guter Nährboden gegeben;
eine neue Bereicherung der Fischbevölkerung tritt daher ein.
Gehen wir noch weiter hinab, so finden wir keine entschie-
denen Grenzen mehr. Langsam geht der aus den Küstengewässern stammende Mud in den echten Tiefseeschlamm,
Globigerinenschlick u. dgl. über. Ganz allmählich werden die
Ernährungsbedingungen ungünstiger, die Fische spärlicher
und spärlicher, bis wir endlich auf unserer Wanderung in
das große Tal des Ozeans hinab unmerklich echten Tiefseeboden unter den Füßen, echtes Tiefseeleben um uns her
haben.

3o. Korallenriffe.

Nun hätte ich wohl Lust, noch lange von der unerschöpf-
lichen bunten Welt des Lebens in flachen, stillen Küstenmeeren zu erzählen, Erinnerungen auszukramen von frohen
Fahrten und Fischzügen über seichten Gründen, von vielen
Wanderungen dem Strande entlang in der Nachbarschaft
der ewig brandenden Wellen, die mir ihre bunten Wunder
vor die Füße warfen. Aber das ist nun nicht meine Aufgabe.
Vom Leben des Weltmeeres soll ich sprechen, des großen,
schier unendlichen Meeres, das die ganze Erde umfaßt. Da
ist ja dies alles nur ein ganz kleiner Teil, sowohl dem
Raume wie der Bedeutung nach. Es geht mir wie dem Seemann, der nach langer, öder, unruhiger Fahrt ausruht in
einer stillen, warmen, palmenumgebenen Bucht oder irgendwo
zwischen den Klippen im Nordland, wo die unzähligen Seevögel nisten. Es überkommt ihn das Behagen der stillen
Buchten. Sein Auge erfreut sich an den flatternden Vögeln
um ihn her, an dem Wogen der mächtigen Palmwedel vor
blauem Himmel und weißen Wolken oder an einem bunten
formvollendeten Schneckenhaus, das er am Strande aufge-
lesen hat. Es gibt auch ein wissenschaftliches Behagen in den
stillen Buchten, das den Naturforscher lockt, den tausend
Rätseln nachzugehen, die da unmittelbar unter dem Kiel

seines Bootes schlummern und auf ihn warten. Ich muß sie
für diesmal schlafen lassen.

Nur auf eins noch will ich eingehen, was auch zum Leben
im flachen Wasser gehört, aber zugleich unsern Blick wieder
hinausführt über weite Meeresräume, das auch in seinen
Wirkungen im Gesamtgeschehen der Meere so mächtig ist,
daß es nicht gut übergangen werden kann. Ich will noch
sprechen von jenen lebendigen Riffen und Inseln der Südsee, die zu dem Merkwürdigsten gehören, was der Ozean hervorgebracht hat, von den Bauten der Korallen.

Die Koralle als einzelne Tierform ist für unsere Betrachtungen von keinerlei besonderer Bedeutung. Sehr bedeutsam
aber die Lebensgemeinschaft, welche nach ihr benannt wird,
weil in ihrer Zusammensetzung die Stöcke dieser schönen
„Pflanzentiere" gewöhnlich bei weitem die Vorherrschaft
haben. Diese Gemeinschaft hat bekanntlich die äußere Erscheinung eines „Riffs" und sieht aus wie ein blütenübersäter
Felsgrund dicht unter der Wasseroberfläche. Jede von den
Blüten ist ein Tier. Riffe, die mit Tieren und Pflanzen bewachsen sind, gibt es ja viele im Meere. Das Korallenriff
aber ist nicht nur von Tieren bewachsen — es ist auch von
ihnen gebaut. In Jahrhunderten, Jahrtausenden entstanden,
sind diese Bauten von solcher Mächtigkeit, daß sie an der
Gestaltung der Erdrinde wesentlichen Anteil haben. Nicht nur
dadurch, daß diese kleinen Blumentiere Felsbauten auf-
führen, sondern sie erzeugen auch große Mengen von Sand,
der den Meeresboden bedeckt. Ihre zierlichen, zerbrechlichen
Skelette werden nämlich vielfach durch die Wellen, durch
rollende Steine oder fressende Tiere zerstört, zernagt, zer-
schlagen, zerbrochen, zerstoßen, zerkrümelt, und die Reste
solcher Zerstörungsarbeit bedecken viel größere Bereiche des
Meeresbodens als die Riffe selbst.

Es herrscht also eine bestimmte Form von Lebewesen in
den Riffen vor, eben die sogenannten Steinkorallen, deren
weiße Skelette ja uns allen wohlbekannt sind. (Mit den roten
Korallen sind sie nur entfernt verwandt.) In erstaunlicher
Formenfülle haben sie sich ausgestaltet, klumpig, plattig,
baumförmig verästelt, trichterförmig oder in Gestalt zier-

Abb. 49. Stück eines bei Springtide trocken gefallenen Korallenriffs.

licher Fächer und Gitter, in wulstigen und faltigen, in halb-
kugeligen und pilzförmigen Gebilden — ja es ist gar nicht
möglich, in Worten diese wunderbare Mannigfaltigkeit aus-
zudrücken. (Abb. 49). Zwischen und mit ihnen gedeihen dann

zunächst ihre näheren und ferneren Verwandten, Horn-
korallen z. B., Fleisch- und Lederkorallen, Seenelken, und
weiter viele frei bewegliche Bodentiere, Schnecken und Muscheln, Seeigel und Seewalzen, seltsam bunt gefärbte Würmer
— ein wunderbar vielfältiges Durcheinander von allerlei Getier. Ferner werden diese Tierwälder durchirrt von vielen
frei schwimmenden Wesen. Das Erstaunlichste und Schönste
darunter sind ganz unglaublich buntfarbig gezeichnete Fische
(Abb. 5o). Und schließlich, was sich einigermaßen von selbst
versteht: Es gehört zu der Gemeinschaft auch ein eigenes
Plankton, das wir allerdings noch wenig genau kennen.

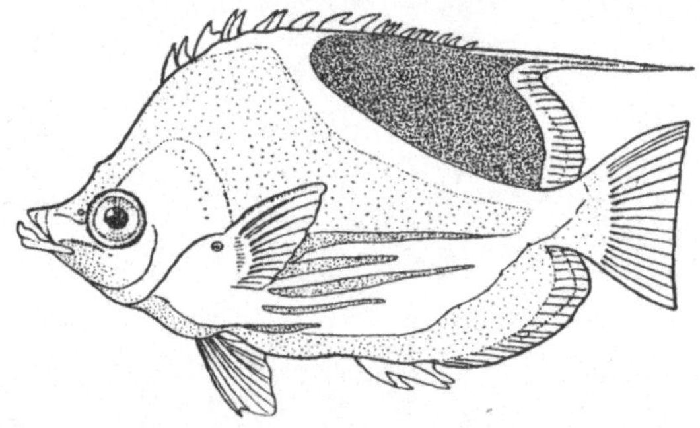

Abb. 50. Korallenfisch.

Diese ganze Lebensgemeinschaft wird also sozusagen durch
die Korallen zusammengehalten. Ihr Dasein ist nur möglich,
wo Korallen leben können. Und so ist die Frage: Welches
sind die Lebensbedingungen der Riffkorallen? für das Verständnis des Lebens im Ozean von besonderer Bedeutung.
Riffkorallen! Es handelt sich da nur um eine bestimmte Aus-
wahl von Formen, die an der Riffbildung beteiligt sind. Denn
es gibt Steinkorallen auch in weiten Meeresgebieten, wo keine
Riffe vorkommen. Korallenriffe aber gibt es nur in den
Tropen. Sie bedürfen also — und das ist die erste beachtens-
werte Bedingung ihres Daseins — des warmen Wassers. Es
gibt wohl keine andere Tiergruppe, bei der wir eine so genaue Abhängigkeit von einem bestimmten Temperaturbereich
nachweisen könnten wie hier. Der Gürtel um den Leib der

134

Erde, an dem diese herrlichen Schmucksteine des Lebens zu finden sind, ist durch ganz bestimmte Temperaturlinien begrenzt, durch die Linien für 20° Wasserwärme im kältesten Monat des Jahres. Nur in den Teilen des Meeres, wo das ganze Jahr hindurch die Temperatur nicht unter 20° sinkt, gedeihen sie.

Auch ihre Verbreitung in die Tiefe hinab ist eine sehr bestimmt abgegrenzte. Gewöhnlich gehen sie nur 30 bis 40 m tief, einige wenige bis 60, ganz vereinzelte bis 70 oder 80 m. Bei dieser engen Begrenzung mögen verschiedene Umstände zusammenwirken. Viele Arten können des Lichts nicht entbehren, ferner dürfte ihnen die Ablagerung von Korallensand

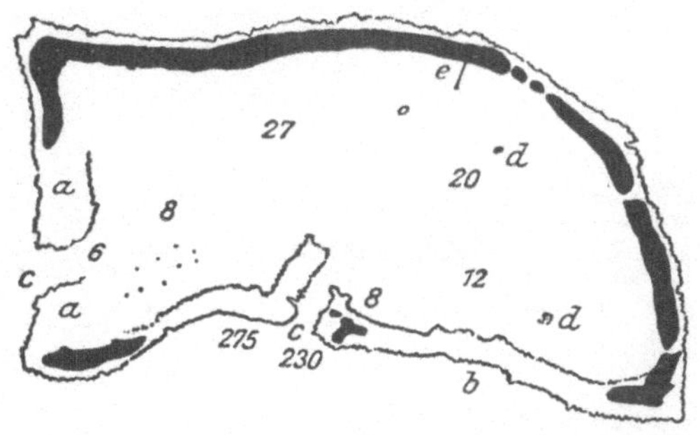

Abb. 51. Karte eines Atolls. Die schwarzen Teile sind Land. *a* untergetauchtes Riff, *b* steiler Abfall zur Tiefe, *c* Durchbrechungen des Ringes, *d* kleine Riffbildungen in der Lagune, *e* Landungssteg. Die Zahlen geben die Tiefen in Metern an.

und Schlick mit zunehmender Tiefe immer gefährlicher werden. Die Hauptursache der Erscheinung wird aber wieder in der Verteilung der Wärme liegen. Die Temperatur, für die unsere Riffkorallen so empfindlich sind, nimmt mit der Tiefe sehr schnell ab, und wenn Temperaturen von weniger als 20° ihrer wagerechten Ausbreitung unübersteigbare Schranken setzten, so muß das bei ihrer senkrechten Verbreitung noch viel entschiedener der Fall sein.

Eine dritte sehr merkwürdige, ja die auffallendste Eigenschaft der Korallenriffe ist ihre Gestalt. Man unterscheidet drei Hauptformen. „Saumriffe" sind solche, die sich un-

mittelbar der Küste anlegen, sie umsäumen, während „Wallriffe" in einigem Abstande parallel zur Küste wie ein Wall
verlaufen, durch einen Streifen tieferen Wassers von ihr getrennt. „Atolle" aber sind ringförmige Riffe, welche kein
Land einschließen, sondern frei im offenen Meere emporgewachsen zu sein scheinen (Abb. 51). Übergänge zwischen
diesen drei Formen gibt es natürlich auch.

Alle diese Riffe liegen unter Wasser, wenn auch ganz
dicht unter der Oberfläche, und treten selbt bei Niedrig-
wasser im allgemeinen nicht oder kaum hervor. Aber nun

Abb. 52. Teil eines Atolls der Südsee. Der äußerste Ring ist die
Brandungszone am Riffrand.

werden ja leicht größere und kleinere Stücke von den Korallen abgebrochen und von der Brandung auf das Riff geworfen. Starke Stürme können mächtige Blöcke des lockeren
Kalkgebäudes losreißen und emporrollen. Die Ansammlung
solcher Bruchstücke erhöht das Riff mehr und mehr, so daß
es nach einiger Zeit über die Meeresoberfläche als Insel
emporragt (Abb. 52). Während also die Riffe selbst zunächst
etwas Lebendiges sind, werden die sichtbaren Teile der Koralleninseln aus toten Kalkmassen gebildet, von großen Kalk-
blöcken bis zu feinstem Kalksande hinab, die auch auf einer

136

festen Unterlage von Skeletten abgestorbener Korallen, auf
festem Korallenfels ruhen und nur unter Wasser von lebenden
Korallen umsäumt sind, während über ihnen Kokospalmen
die windbewegten Wipfel im Lichte der heißen Tropensonne baden.

31. Die Entstehung der Korallenriffe.

Nun haben sich die Naturforscher viel die Köpfe darüber
zerbrochen, wie wohl eigentlich die Korallenriffe entstanden
sein mögen, insbesondere die merkwürdige Ringform der
Atolle. Diese Atolle sind die einzige eigentlich ozeanische
Form des Flachwasserlebens, unabhängig von allen Küsten
und Festländern, und sie müssen daher in vieler Beziehung
unter ganz andern Bedingungen stehen und entstehen als die
Lebensgemeinschaften küstennaher Flachseen. Wirklich begreifen tun wir das Werden dieser Riffe bis zum heutigen
Tage nicht recht. In hohem Ansehn stand lange eine sehr
kunstvolle Erklärung des berühmten englischen Naturforschers
Charles Darwin, die nicht nur die Gestalten der Riffe, sondern auch die merkwürdige Tatsache verständlich zu machen
schien, daß es im Stillen Ozean eine so außerordentlich große
Anzahl solcher niedriger Inseln gibt, Koralleninseln, die nur
eben über die Meeresoberfläche emporragen, die vom Tiefseeboden in die Lichtzone emporgewachsen zu sein scheinen
und doch nicht eigentlich von den Korallen aufgebaut sein
können, da die ja nur in ganz flachem Wasser leben. Darwin dachte sich das nämlich so. Es waren da ursprünglich
Inseln vorhanden, die mehr oder weniger über die Meeresoberfläche emporragten. An diesen bildeten sich Saumriffe.
Nun aber — das ist die wichtigste und zugleich bedenklichste
Voraussetzung dieser Lehre — nun begann der Meeresboden
ganz langsam sich zu senken. Die Korallen wuchsen weiter
senkrecht über dem bisherigen Riff empor. Da nun die von
dem Riff umkränzte versinkende Insel kleiner und kleiner
wurde, das Riff aber selbst seine Größe beibehielt, so wurde
es zum Wallriff. Ein wirklich kräftiges Wachsen des Riffs
ist nämlich nur an der Außenseite möglich, innen sterben

die Korallenstöcke größtenteils allmählich ab, zerfallen und
werden als Sand hinweggespült, so daß da zwischen Riff und
Land ein Zwischenraum entstehen muß, in dem die Zerstörung stärker ist als das Wachsen der Stöcke. Schreitet
nun die Senkung weiter und weiter fort, so wird schließlich
die Insel ganz verschwinden und das sie umkränzende Wallriff zum Atoll werden.

Eine sehr geistreiche Erklärung! Doch stellte sich je länger,
je mehr heraus, daß die Annahme einer Senkung des Meeresbodens an vielen Stellen, wo es Wallriffe und Atolle gibt,
nicht recht zutreffen zu können scheint. So wurde denn
weiter gegrübelt und vor allem auch sorgfältig untersucht.
Leider nicht mit einem entscheidendem Ergebnis. Die
neueren Erklärungsversuche trennen gewöhnlich die Frage
der Entstehung jener vielen niedrigen Inseln oder vielmehr
flacher Stellen im offenen Meere von der Riffbildung selbst.
Die Biologen beschränken sich im allgemeinen darauf, aus
der Lebensweise der Korallen verständlich zu machen, warum
nicht nur Saumriffe, sondern auch Wallriffe und Atolle sich
bilden. Auch uns geht hier nur diese Frage an. Und zugleich
haben wir bei dieser reinlichen Scheidung den Vorteil, daß
wir im Gebiete des gesicherten Wissens bleiben können, daß
wir das Labyrinth der wissenschaftlichen Vermutungen nicht
zu betreten brauchen.

Die wichtigste von den natürlichen Vorbedingungen des
Korallenlebens ist schon in jener Lehre Darwins zur Erklärung mit herangezogen. Die Korallen gedeihen wirklich
gut und in großer Üppigkeit nur in der Nähe des bewegten
Wassers der offenen See. Sie haben diese Eigenschaft mit
vielen andern festsitzenden Tieren des Meeres gemein. Warum
das so ist? Es werden wohl verschiedene Umstände dabei
zusammenwirken. Ihr Bedürfnis nach Sauerstoff dürfte ein
sehr großes sein, so daß ein dauernder lebhafter Wasser-
wechsel in ihrer Umgebung für ihr Gedeihen nötig ist. Auch
wird bewegtes Wasser ihnen besser die treibende Nahrung
zuführen, deren ein solches Riff ja recht viel bedarf. Schließlich wird es sie reinigen und ihre zierlichen kleinen Blüten
vor Verschlammung schützen.

So werden die Korallen im allgemeinen dem bewegten
Wasser entgegenwachsen, gleichsam nach allen Seiten hin-
wegwachsen von der ursprünglichen Ansiedelungsstelle. Dagegen werden hinter dem wachsenden Riff leicht die zer-
störenden Kräfte die aufbauenden überwiegen. Zerbröckelung,
Auflösung, Verschlammung sind natürliche Vorgänge im
Innern jedes Atolls. Wir haben das ja schon öfter gesehen,
daß die Ablagerung des ganz feinen Schlammes im Meere
eine außerordentliche Bedeutung für das Leben in ihm hat.
Ihr Einfluß kann ein fördernder, kann auch ein hemmender
sein. Besondere Lebensgemeinschaften verdanken ihm ihr Dasein, sofern er Nährstoffe, Reste von Lebewesen zur Genüge
enthält. Ist das aber nicht oder in geringem Grade der Fall,
so wird er alles, was lebt, zudecken und abtöten. Diese ver-
nichtende Wirkung des Schlammes ist hier in vielen Fällen
vorherrschend und stellt vielleicht eine Hauptbedingung mit
bei der Bildung der Riffe dar.

Von den Resten der unter solchen Umständen abgestorbenen Korallen und anderer Tiere und Pflanzen, die am Aufbau der Riffe teilhaben, wird aber vieles aus dem Innern
des Atolles entfernt. Der Ring des Riffes pflegt nämlich
nicht ganz geschlossen zu sein. Es sind Öffnungen, Tore vorhanden, durch die das Wasser ein- und austreten kann. Und
das Ein- und Austreten geschieht täglich und stündlich mit
Ebbe und Flut. Unverkennbar haben die Gezeitenbewegungen
einen starken Einfluß auf dies wichtige Stück ozeanischen
Lebens, und nicht nur in dieser einen Beziehung. Vielfach
wirken sie insofern unmittelbar fördernd auf den Riffbau
ein, als sie durch die regelmäßigen starken Strömungen, den
Ebbe- und Flutstrom, dem Fortwachsen des Riffs bestimmte
Richtungen geben. Denn wo das Wasser kräftig strömt, da
neigen auch die Korallen zu kräftigem Wachsen.

Dies sind wohl die Hauptkräfte, mit denen das Wasser
und das Leben an einem solchen unterseeischen Felsen-
gebäude arbeiten. Vieles wird uns durch sie begreiflich, aber
ein volles Verstehen der Entstehung eines Korallenriffs bleibt
trotzdem eine Sache, von der wir noch recht weit entfernt
sind. Daß vielerlei Umstände daran zusammenwirken, daß

nicht ein einziger Gedanke zur Erklärung genügt, ist das
wesentlich Neue unserer Erkenntnis seit Darwins Zeit. Auch
viel Zufälliges wirkt bei jeder solchen Riffbildung mit. Wennschon so ein Atoll eine eigentlich ozeanische Lebenserschei-
nung ist und darum das Korallenmeer der Südsee trotz seiner
zahllosen Ringinseln immer eigentlich offener Ozean bleibt,
immer mehr oder weniger die großen Züge des Weltmeeres
behält, so haften doch diesen festen Gebilden inmitten der
in ewigem inneren Ausgleich begriffenen Wassermassen die
beschränkenden Eigenschaften alles Festen, Starren, Un-
nachgiebigen an.

Die Zufälligkeiten in der Lebensgeschichte dieser wunderbaren Tiergemeinschaften prägen sich dem festen Gestein
auf und werden schwer wieder verwischt. Sie verhüllen leicht
die großen gesetzmäßigen Züge. Das ist ja der Vorzug, den
allein das Planktonleben der Hochsee vor allen andern Lebenserscheinungen an der Oberfläche der Erde hat, daß immer
das Große und Einfache des Ozeans unmittelbar in ihm zum
Ausdruck kommt.

32. Wege über das Weltmeer.

Wenn so ein kleines Korallenriff weit ab von allem Lande
inmitten der einsamen Hochsee liegt, so hat sich da ein Stück
Flachseeleben über der Tiefsee aufgebaut. Und doch ist es ja
in einem Sinne gar kein echtes Flachseeleben, denn es fehlen
an ihm alle die Lebensmöglichkeiten, die durch die Nähe
zusammenhängender Landmassen gegeben sind. So hauptsächlich der Süßwasserzufluß, mit dem so viele Nährstoffe in
die See gebracht werden. Aber insofern besteht eine Ähnlichkeit mit den Küstengewässern, als von den Tieren, die das
Riff beleben, und den Pflanzen viele sich an den Festlands-
rändern gleicher Breiten wiederfinden.

Wie vermochte denn wohl der Ozean jene seine einsam-
sten, weltentlegensten Riffe mit Küstentieren zu besiedeln? In
der Tat, es sieht aus, als schüfe der Boden, wo auch immer
er aus der Tiefe sich ans Licht emporhebt, aus sich selbst

eine Gemeinschaft von Tieren und Pflanzen, ähnlich derjenigen der Festlandsküsten. Eine Zuwanderung durch die Tiefsee ist doch sehr unwahrscheinlich. Wie kommen dann aber Schnecken und Muscheln, Seeigel, Seesterne, ja sogar festsitzende Tiere hierher?

Die Antwort liegt uns nach dem Vorhergehenden nahe. Wir wissen, daß die meisten von diesen Tieren freischwebende planktonische Larven oder andere Entwicklungsformen haben, die nicht dem festen Boden, sondern dem beweglichen Wasser angehören, die also hinausgetrieben und auf den Riffgründen angesiedelt werden können. Ganz so einfach, wie das klingt, ist es nun allerdings doch nicht. Unsere Netze fangen die Larven der Küstentiere, obwohl sie in ungeheuren Mengen erzeugt werden müssen, fast nie auf dem offenen Meere. Verfolgt man an der Hand zahlreicher Planktonfänge, wie weit solche Larven in die See hinaus verstreut zu werden pflegen, so sind das meist nur recht geringe Entfernungen. Allerdings, unsere Netze sind nur klein, winzig klein gegenüber den ungeheuren Wassermassen. Aber auch die Lebensdauer der Larven ist ziemlich beschränkt, die Gefahren der Hochsee sind mannigfaltig und groß für sie. Und wenn auch wenige von ihnen durch Zufälle in weite Fernen hinausgetrieben werden mögen, so ist doch die Aussicht, daß wir eine davon fangen, gering. Wohl aber mag das Riff, das ja Zeit hat, Jahrhunderte auf einen solchen glücklichen Zufall zu warten, so eine Larve auffangen und so zu einer Besiedelung mit der betreffenden Tierart kommen.

Außerdem gibt es auch noch andere Mittel der Übertragung auf solch ein kleines vereinsamtes Inselchen oder an eine ferne Küste. Ich sprach früher von dem Sargassum, dem sogenannten „Golfkraut", welches das Meer zwischen den Azoren und den westindischen Inseln bedeckt. Diese Tange sind ausnahmslos mit allerlei Tieren und Pflanzen besiedelt. Weiße Krusten der Moostierchen, zierliche Polypenstöcke, auch allerlei Algenbüschel bedecken das goldbraune Gewächs, Schnecken und Krebse kriechen und klettern daran herum, und Fischchen verbergen sich in seinem Gezweig. Wie leicht kann ein solcher Tang an eine entlegene Küste getragen werden und da die Lebenskeime ausstreuen, die er mit sich trägt! Man hat z. B. einmal eine solche Sargassumpflanze an der Insel Wangeroog angetrieben gefunden. Oder es mag irgendwo ein Baumstamm im Wasser liegen, bewachsen mit Pflanzen und Tieren, wie man das an tropischen Küsten häufig sieht. Eine Springtide hebt ihn empor, und die Strömung trägt ihn hinaus, mit ihm eine Schar von Auswanderern. Auch die Schiffe haben in dieser Hinsicht eine große Bedeutung, da ihr Boden, zumal in warmen Meeren, oft dicht mit Tieren und Pflanzen bewachsen ist. Wir kennen z. B. ein paar Fälle des plötzlichen Auftauchens chinesischer Tiere und Pflanzen, einer Diatomee und eines Krebses, an deutschen Küsten, offenbar eine Folge des Schiffsverkehrs.

Mag nun auch ein solcher glücklicher Zufall lange auf sich warten lassen, so müssen wir uns doch darüber klar sein, daß es diese Zufälle gibt, und daß sie von großer Bedeutung für das Leben im Weltmeer sein können. Es gibt auch für die Bodentiere des Flachwassers, auch für die Pflanzen Wege über den Ozean. Unsichtbare Fäden sind mehr oder weniger überall von Küste zu Küste geknüpft. Und dadurch wird uns vieles von der Lebensverteilung verständlich. Das Gewebe dieser Fäden macht auch das Leben der Flachsee, der auseinandergerissenen Küsten und zerstreuten Inseln einigermaßen zu einem einzigen Ganzen.

Daß das Hochseeplankton in allen Ozeanen in gleichen Breiten ungefähr das gleiche ist, wird niemand sehr verwunderlich finden. Viel auffallender ist es, daß auch von den Grundbewohnern des Flachwassers manche eine entsprechend erstaunlich weite Verbreitung haben. Allerdings sind denn doch bei diesen viel stärkere Unterschiede von Meer zu Meer zu beobachten. Gerade auch die Korallen zeigen recht deutlich, wie schwer es für sie ist, den Weg rund um die Erde zu finden. Wohl hat das strömende Wasser die Keime im Laufe der Jahrtausende durch den ganzen Stillen Ozean von Riff zu Riff getragen, aber man darf darüber nicht die trennende Wirkung, die doch immerhin die Tiefsee in bezug auf das Flachwasserleben hat, übersehen.

Wir haben früher die Frage untersucht, wie denn wohl

das Leben Herr wird über die ungeheuren Weiten der Ozeane.
Hier ist ein neuer Weg dieses Herrwerdens, aber ein schwieriger Weg! Die Herrschaft des Hochseeplanktons über das
Weltmeer ist unvergleichlich vollkommener als die des Flachseelebens, zumal des Lebens am Boden. Weltweite Wanderungen macht ja das Weltmeerwasser jahraus, jahrein, aber
es nimmt nur diejenigen von seinen lebendigen Gästen überallhin mit, die geborene Wanderer, Plankton „vom reinsten
Wasser“ sind. Die aber mit ihren Bedürfnissen am festen
Lande hängen, verschleppt es nur, meist zu ihrem Unglück,
selten zu ihrem Glück.

33. Wanderer und Gäste des Ozeans.

Viel verirrte Wanderer gibt es im Weltmeer. Ihr Schicksal ist meist ein vorzeitiger Tod. Auch Wanderer der Luft
verirren sich oft auf das Meer hinaus, Zugvögel, die vom
Wege abgekommen sind und ziellos umherflattern, bis sie
von Hunger und Anstrengung erschöpft auf das Wasser niedersinken und sterben. Längs der afrikanischen Küste des
Atlantischen Ozeans fliegt manches Mal weit entfernt vom
Lande eine heimische Schwalbe an Bord, setzt sich tief ermattet auf ein Tau unter dem Sonnensegel — am nächsten
Morgen liegt sie tot auf dem Verdeck. Und doch gibt es
Zugvögel, die auf ihren Wanderungen erstaunlich große
Meeresstrecken überfliegen. Die berühmtesten dieser Art sind
die amerikanischen Goldregenpfeifer. Auf ihrem Zuge vom
nördlichen Nordamerika nach Brasilien verlassen sie die Küste
bei Neuschottland und erreichen sie erst wieder in der Nähe
der Kleinen Antillen. 3600 km Weges durchfliegen sie, ohne
einen Ruhepunkt anzutreffen.

Wir haben schon früher davon gesprochen, wie erstaunlich eigentlich das Wandervermögen der kleinen Sturmschwalben ist, die jeder Seefahrer zu Gesicht bekommt, zumeist, ohne
sich viel Gedanken darüber zu machen, was für ein Wunder
er da vor sich hat, nicht sowohl ein Wunder der körperlichen Leistungsfähigkeit als ein solches des seelischen Ver-

mögens. Jene Fähigkeit, zur rechten Zeit das Land wiederzufinden, wo sie ihr Nest bauen können, macht das Leben dieser kleinen Vögel für uns zu einem ganz unbegreiflichen Rätsel.

Die Frage, wie die *Seele* der Tiere mit dem Ungeheuer des Ozeans fertig wird, derjenigen Tiere, die einen Teil ihres Lebens wahrhaft ozeanisch verbringen und dabei doch unbedingt landgebunden bleiben — die Frage ist uns bis heute völlig rätselhaft. Es gibt nicht nur bei den Vögeln solche wunderbaren Hochseewanderer. Auch Schildkröten z. B., die doch auch am Lande ihre Eier ablegen müssen und die doch keineswegs schnelle Schwimmer sind, wandern erstaunlich weit. Auf der „Meteor"-Expedition wurde eine gefangen ungefähr gegenüber Lüderitzbucht vor der südwestafrikanischen Küste, etwa 1000 km vom nächsten Lande entfernt. Und dann vor allem die Fische! Gewiß ist es verwunderlich, daß Lachse und Störe einen großen Teil ihres Lebens im Meere zubringen, danach aber die Ströme aufwärts wandern und hoch oben in den Flüssen laichen. Doch sie gehen nicht in den offenen Ozean hinaus, sie weiden nur die Flachsee ab. Viel erstaunlicher ist das berühmte, viel besprochene Wandern der Aale.

Wen ergriffe nicht Erstaunen bei der Betrachtung der Zugvögel, wie sie alle Jahre die große Reise in weit entfernte Länder antreten und alle Jahre wieder heimfinden in die Heimat, ihr Nest da zu bauen? Aber da gibt es doch Wege, die wir kennen, den Strömen, den Küsten, den Halbinseln und Inseln entlang, da gibt es doch Führer, die schon öfter die Wege geflogen sind, da sehen wir doch, wenn wir auch nicht recht verstehen können, Möglichkeiten eines Verständnisses vor uns. Wie anders die Aale! Ich will ihren Lebensgang erzählen.

In Flüssen, Teichen und Seen leben als unsere nahen Nachbarn überall Aale, von ganz kleinen, etwa 10 cm langen, bis zu den größten. Sie wachsen langsam heran; die Dauer solches Aallebens läßt sich einigermaßen berechnen: Es beträgt 5 bis 20 Jahre. Wenn sie nach dieser Zeit ausgewachsen sind, verlassen sie die Gewässer ihrer Heimat und wan-

dern. Durch Bäche, durch Flüsse, durch Ströme ziehen sie
dahin, abwärts, dem Meere zu. Sie wissen, wann es Zeit ist,
zu wandern, nicht nur wann es für *sie* so weit ist, wann sie
reif sind, sich von ihren Gefährten, die zurückbleiben, für
immer zu trennen, sie wissen auch die rechte Zeit des Jahres.
Es ist Herbst. Im November durchziehen sie, große, wohl-
genährte Tiere, die Unterläufe der Ströme und treten aus
ins Meer. Dort verschwinden sie für unser Auge. Aber wir
wissen heute doch, wohin sie gehen.

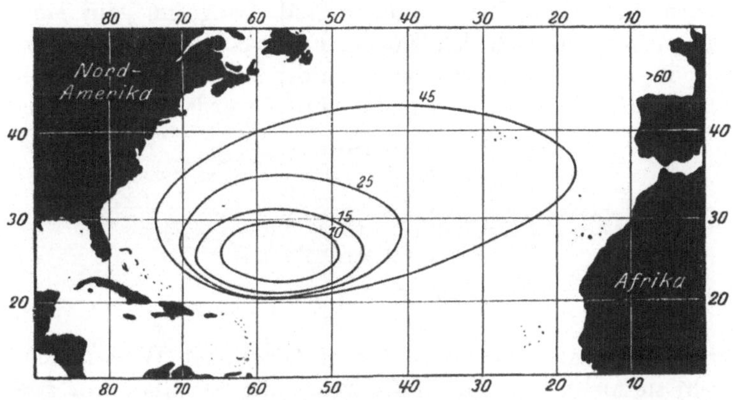

Abb. 53. Laich- und Wandergebiet der europäischen Aale. Die Ringlinien
umziehen die Ausbreitungsgebiete der Larven verschiedenen Alters, die bei-
geschriebenen Zahlen geben die Größe der Larven in Millimetern an.

Zeitig im Frühjahr sind sie an ihrem Ziel. Es ist (Abb. 53)
jenes stille, warme, blaue Meer nahe den westindischen Inseln, die Sargassosee. Die Fische, die noch vor einem halben
Jahr in unsern kleinsten Gewässern seßhaft waren, sind
Hochseetiere geworden, hinausgetrieben und zum denkbar
fremdesten Ziele geführt durch unbegreifliche Kräfte. Und
hier erfüllt sich nun der Sinn ihrer großen Wanderung.
200 bis 300 m tief unter der von der Tropensonne bestrahlten
reinblauen Wasserfläche setzen sie zur Frühlingszeit und bis
in den Sommer hinein ihre Eier ab. Sie selbst aber sterben
und versinken. Kein menschliches Auge hat jemals einen see-

wärts gewanderten Aal wiedergesehen. Ein einziges Mal nur macht ein jeder von ihnen diese erstaunliche Wanderung. Keiner wußte den Weg. Keiner vermochte zu führen. Und dennoch erreichen sie das Ziel, erfüllen den letzten Sinn ihres Lebens und sterben.

Die Eier und bald auch die Larven schweben nun im Wasser, ein Bestandteil des ozeanischen Planktons. Später steigen sie in geringere Tiefen empor; man findet sie dann schon unter 25 bis 50 m Wasser. Und nicht lange, so beginnen sie zu wandern, den Weg zurück in die Länder, aus denen ihre Eltern hergekommen sind. Langsam, ganz langsam nähern sie sich den Küsten Europas. Im zweiten Sommer ihres Lebens findet man sie in der Mitte des Atlantischen Ozeans. Niemand, der es nicht wüßte, würde Aale in ihnen

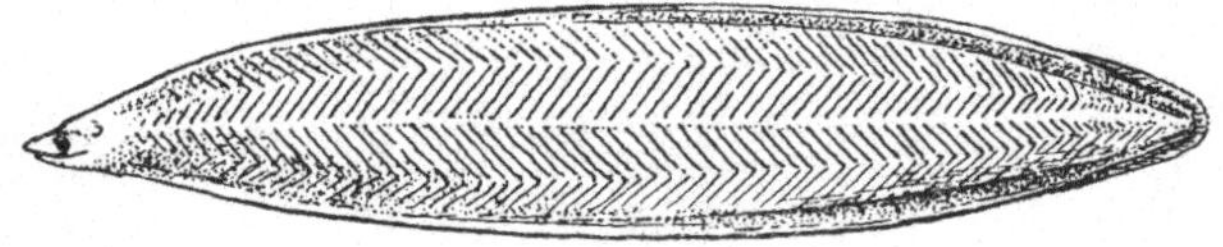

Abb. 54. Aallarve.

erkennen. Hat man sie in einem Glase mit Wasser, man sieht sie nicht, denn sie sind durchsichtig wie Glas. Nur zwei schwarze Punkte sieht man im Wasser umherirren. Es sind ihre Augen. Mit Mühe gelingt es, von diesen Augen geleitet, bei geeigneter Beleuchtung den Körper zu erkennen. Gestaltet sind sie wie ein schmales Weidenblatt, völlig unähnlich ihren Eltern (Abb. 54).

Im dritten Sommer ist die Wanderung beträchtlich fortgeschritten. Die Tierchen haben die europäischen Küstenbänke erreicht und sind zu einer Größe von etwa sieben und einem halben Zentimeter herangewachsen. Ihre Gestalt ist noch immer die gleiche. Erst im nächsten Frühjahr begibt sich das erste große Ereignis ihres Lebens: sie ziehen in ungeheuren Scharen in die Mündungen der Ströme ein. Sie sind nun der Gestalt nach verwandelt; richtige kleine Aale sind aus den Larven geworden. In einem Sinne allerdings erinnern sie noch sehr an ihre frühsten Jugendjahre, denn

146

noch immer sind sie glashell und werden Glasaale genannt.
Ihr Alter beträgt etwa 3 Jahre.

Und die dichten Massen, in denen sie anfangs stromaufwärts zogen, zerteilen sich allmählich und zerstreuen sich in
Flüsse, Bäche, Teiche und Seen. Frühzeitig schon trennen
sich Männchen und Weibchen voneinander. Die Männchen
bleiben größtenteils in den Unterläufen der Ströme und
deren Nebengewässern. Die Aale, welche man im Binnenlande
findet, sind fast durchweg Weibchen. Sie dringen tief in die
Länder ein. Man findet sie in der Schweiz z. B. noch 1000 m
hoch über dem Meere. Fünf, zehn, zwanzig Jahre leben sie
nun, fressen und wachsen im engen Raum kleiner Binnengewässer. Nichts erinnert daran, daß es einmal ein anderes
Leben für sie gab, daß es noch einmal ein anderes Leben
wieder für sie geben wird. Nur alljährlich im Herbst sondert
sich ein Teil von ihnen ab und geht auf die große Wanderung, von der es kein Wiederkehren gibt.

So habe ich nun das Leben eines Süßwasserfisches in diesem Buche vom Meer ausführlicher erzählt, als das irgendeines einzelnen Meerestieres zuvor. Aber ich meine, mit
Recht. Denn unter dem vielen, was sich über die Beziehungen
zwischen Ozean und Festland sagen läßt, gibt es schwerlich
etwas so Merkwürdiges wieder wie dieses Leben. Daß das
Festland die Küstengewässer ernährt, daß das Flachwasser
ein reiches Bodenleben entwickelt, daß ein besonderes Plankton unter den besonderen Verhältnissen entsteht, daß ein
Austausch zwischen Hochsee und Flachsee stattfindet, schließlich, daß es ein vielfältiges Wandern von Land zu Meer,
von Meer zu Land gibt, das alles ist nicht wunderbar, ist
einigermaßen selbstverständlich. In diesem letzten Beispiel
aber überschreiten die wohlbekannten, vollkommen gesicherten Tatsachen bei weitem die Grenze unseres Verstehens. Die
Wissenschaft ist da einstweilen am Ende ihres Könnens.

34. Meer und Land, ein Vergleich.

Wir haben mancherlei daraus gelernt, daß wir fragten
nach den Beziehungen zwischen Meer und Land. Wir haben

untersucht, wie das Leben im Meere sich ändert, wo das Land in seiner Nähe ist. Wir haben ferner betrachtet, wie das Leben derjenigen Tiere sich gestaltet, die sowohl das Meer wie das Binnenland bewohnen. Wir können nun aber noch auf eine dritte Weise vom Lande etwas über das Meer lernen. Nämlich auf die Weise, daß wir einmal die großen Züge unseres Wissens vom Leben im Meere dem gegenüberstellen, was wir vom Leben auf dem Lande, in der Luft und in den Binnengewässern wissen. Das soll nun unsere letzte Aufgabe sein.

Wenn wir uns diese beiden großen Lebensbereiche der Erde vorstellen, ohne viel an Einzelheiten zu denken, nur in ihren allergrößten Zügen, so wird sich das zunächst unserm Bewußtsein aufdrängen, daß ja auf dem Lande das Leben sich im wesentlichen in einer Fläche verteilt, im Meere aber einen Raum von mehreren Kilometern Tiefe in allen seinen Teilen erfüllt. Das liegt ja nun offenbar daran, daß im Wasser ein Schwimmen und Schweben möglich ist, in der Luft aber nicht. Das Fliegen der Vögel und Insekten ist doch insofern etwas ganz anderes als das Schwimmen im Wasser, als es dabei kein eigentliches Ruhen gibt. Der schwimmende Fisch kann bewegungslos im Wasser ruhen, er schwebt dann eben. Und dieser Unterschied liegt natürlich in letzter Linie an dem spezifischen Gewicht des „Mediums“, in dem der Körper lebt. Darauf beruht es, daß das Meer von Leben durchsetzt, die Erde aber nur von Leben überzogen und die Luft, abgesehen von einer ganz dünnen untersten Schicht, lebensleer ist. In der Lufthülle der Erde gibt es sozusagen nur ein „Flächenleben“, beschränkt auf ihre Grenze gegen die feste Erdrinde und gegen das Wasser, im Meere dagegen gibt es ein „Raumleben“.

Allerdings ist der Meeresraum nicht gleichmäßig von Leben erfüllt. Auch in ihm verdichtet es sich besonders in der Nähe der Grenzen. Sowohl in der obersten Wasserschicht, an der Grenze der Luft, wie in der untersten, an der Grenze der festen Erdrinde finden Tiere und Pflanzen ein besonders gutes Gedeihen. Aber diese Grenzgebundenheit ist bei weitem nicht von der Bedeutung, von der Unbedingtheit wie die der Lebewesen in der Luft und bei weitem nicht so allgemein. Man bedenke nur, daß fast alle Landpflanzen mit einem Teil ihres Körpers ebenso unbedingt der Luft bedürfen wie mit einem andern der Erde. Wie wenige Lebewesen des Meeres kann man damit vergleichen! Die wenigen schwimmenden Tiere, welche Luft atmen, die wenigen Vögel, welche ihre Nahrung aus dem Wasser nehmen, und einiges dergleichen mehr.

Dauerndes Dasein von Leben ist nirgends in der freien erdfernen Luft möglich, aber überall im freien Wasser. Und damit hängt dann die Verschiedenartigkeit der Lebensformen hier und dort zusammen. Schweben und Einzelligkeit ist für das Pflanzenleben des Ozeans so bezeichnend wie Wurzeln und Wachsen für das des Festlandes. Gebundenheit vieler Zellen aneinander und ihre gemeinsame Gebundenheit an die feste Erdrinde steht der Ungebundenheit unzähliger selbständiger Zellen des Planktons gegenüber.

Dieser Gegensatz ist aber nicht *allein* im spezifischen Gewicht der lebenden Körper und der sie umgebenden Stoffe begründet, sondern zugleich in den grundlegenden Bedingungen der Ernährung. Da gibt es allerdings zunächst ein großes Gemeinsames: Hier wie dort entnehmen die Pflanzen einen großen Teil ihrer Nährstoffe dem Wasser, in dem diese gelöst sind und das sie im Meere von allen Seiten, auf dem Lande ihre Wurzeln umgibt. In bezug auf die Herkunft der gasförmigen Stoffe besteht jedoch der Gegensatz, daß die Landpflanzen sie aus der Luft, die Wasserpflanzen sie aus dem Wasser aufnehmen. Es ist uns eine von klein auf gewohnte Selbstverständlichkeit, daß die Pflanzen mit einem Teil ihres Körpers unterirdisch, mit einem andern Teil oberirdisch leben. Wenn man aber mit seinen Gedanken vom Leben des Meeres herkommt, so ist dies Zweimedienleben eigentlich eine recht verwunderliche Sache.

Höchst bedeutsam ist dann weiter der Unterschied in bezug auf den Kreislauf der lebenswichtigen Stoffe im Raum. Ein Teil von diesen, wie der Sauerstoff, ist in beiden Fällen in der Umgebung, in dem Medium, das den Körper umfließt, in reichlicher Menge gegenwärtig. Ein anderer Teil ist in beschränktem Maße vorhanden; er wird an den Stätten der Hervorbringung von Lebewesen verbraucht und muß, wenn weiteres Leben entstehen soll, neu herbeigeführt werden. Nun geben Tiere und Pflanzen ihre Körper an den Nährboden — worunter wir hier auch das Meerwasser mit verstehen müssen — zurück. Wie die Blätter, die der Sommer erzeugt hat, zu Boden sinken, so sinkt unendlich viel Abgestorbenes zu Boden, sowohl in der Luft wie im Wasser. Ein bedeutsamer Unterschied aber besteht dabei, wie wir besprochen haben, insofern, als das fallende Blatt im Bereich der Pflanze bleibt, die es erzeugt hat, die toten Planktonwesen aber in die Tiefe hinabsinken, ihren Lebensbereich verlassen und so zunächst nur für andersartige Lebewesen wieder verwendet werden können, welche tiefer, dem Kern der Erde näher wohnen. Der Wald ernährt sich selber immer wieder neu, die Hochsee aber ernährt zunächst die Tiefsee, erst auf besonderen Umwegen wieder sich selbst.

Und dieser Unterschied des Kreislaufes, ob er sich auf geringe oder große Abstände im Raum erstreckt, ist zugleich ein Unterschied im Verhältnis zum Licht. Alles was auf dem Lande tot zu Boden sinkt, bleibt im allgemeinen doch im Wirkungsbereich des Lichts; was im Meere sinkt, verläßt das Licht, verläßt, was ja damit gleichbedeutend ist, den Bereich des ersten Aufbaus lebender Körper, den Bereich der sich selbst ernährenden Pflanzen. Die Notwendigkeit, sich am Lichte zu halten, ist für die Pflanzen des Meeres eine der größten Lebensfragen. Auf dem Lande kommt sie höchstens als Nebenfrage in Betracht, denn es fehlt so gut wie nirgends ganz an Licht.

Wie das Verhalten des Sonnenlichtes zu Luft und Wasser, so bedingt auch das Verhalten der Sonnenwärme einen wesentlichen Unterschied. Er kommt vor allem darin zum Ausdruck, daß in kälteren Teilen der Erde das Leben auf dem Lande bis zu wüstenhafter Öde abnimmt, im Wasser aber nicht, ja im Gegenteil ein besonderer Reichtum der Polargebiete hervortritt. Im Meerwasser werden nie so niedrige Wärmegrade erreicht und es sind nie so starke Schwankungen der Temperatur möglich wie auf dem Lande. Man

die Hervorbringung von Lebewesen in den kalten Gewässern
auch langsam vonstatten gehen, so kann doch, sofern nur
Nährstoffe reichlich vorhanden sind, eine außerordentlich
reiche Besiedelung eintreten. Wüstenbildung im weitesten
Sinne des Wortes geschieht auf dem Lande durch Mangel
an Wärme und Mangel an Wasser, im Ozean dagegen durch
Mangel an Nährstoffen und Mangel an Licht.

Mit allem diesem aber haben wir das noch nicht erwähnt,
was am meisten für den Eindruck des Gesamtlebens auf dem
Festlande einerseits, im Ozeane andererseits bestimmend ist.
Stellen wir uns ein großes Ländergebiet, von oben, vom Flug-
zeug aus gesehen, vor, mit seinen Gebirgen und Ebenen, mit
Strömen und Seen, Kulturland und Wildnis, das alles von
einer Pflanzendecke mehr oder weniger überzogen, von Tieren
belebt, so wird der Eindruck des Wechselvollen, Mannigfaltigen so stark in uns erregt werden, daß es uns schwer
wird, diese Lebenshülle der Erde als ein einheitliches Ganzes
zu denken. Betrachten wir aber den Ozean mit seiner Lebenserfüllung, so wird der Eindruck des Großen, Einfachen, Zu-
sammenhängenden, Gleichförmigen, der Eindruck der geschlossenen Ganzheit dieses Lebens in uns vorherrschen.

Jene Mannigfaltigkeit ist offenbar eine Folge der Mannigfaltigkeit des Untergrundes, diese Gleichförmigkeit eine Folge
der Gleichförmigkeit der Wassermassen. Dort ist das an die
Fläche gebundene Leben von der festbestimmten Vielgestaltigkeit dieser Fläche, hier ist es von dem ewig beweglichen und
daher ewig sich zu einer einigermaßen gleichförmigen Masse
durcheinander mischenden Medium abhängig. Wollte jemand
ein Buch schreiben vom Leben des festen Landes, es würde
leicht in Teile zerfallen; der Ozean hält mit seiner Einheit-
lichkeit und Einfachheit gleichsam selbst die Gedanken zusammen.

Nur in der Flachsee ist die Besiedelung des Meeres einigermaßen ähnlich wie auf dem Lande. Die Bedeutung, welche
der Boden hier gewinnt, seine Vielgestaltigkeit, die Nähe
mannigfaltig gegliederter Küsten macht das Leben am Rande
des Meeres in seiner Gesamterscheinung ähnlich demjenigen
auf der trockenen Erde. Die Vorstellung, welche die Erd-

kunde hat, daß die Flachseen eigentlich nicht zu den großen
Ozeanbecken gehören, vielmehr nur überflutete Teile der
Festländer sind, wird durch ihre Lebenserfüllung einigermaßen bestätigt. Vernachlässigt man einmal das, was sich
dem Bewußtsein zunächst so besonders lebhaft aufdrängt,
daß es so grundverschiedene Arten von Pflanzen und Tieren
sind, die sich an einer Küste von Land und See her begegnen,
so wird man eine gewisse Verwandtschaft von Festland und
Flachsee nicht verkennen können.

Und diese Betrachtung wird uns auch dahin führen, daß
wir die Binnengewässer nicht als Meerverwandte, sondern als
Landverwandte betrachten müssen. Sind schon die Bäche,
Flüsse und Ströme um ihrer Bewegung willen und deren
Folgen für das Leben gar nicht mit dem Meere vergleichbar,
so ist auch die Vorstellung, daß ein See gleichsam ein kleines
Meer sei, nur schwer zu verteidigen. Selbst bei den größten
Seen der Erde, wie dem Tanganjika und dem Baikalsee, läßt
sich doch höchstens ein Vergleich mit Küstenmeeresteilen
einigermaßen befriedigend durchführen.

Alles, was im Bereiche des festen Landes an Lebensgestal-
tungen sich findet, ist zu klein für einen Vergleich mit den
großen, einfachen Verhältnissen des Ozeans. Das Leben in
ihm hat auf dem Lande nicht seinesgleichen.

35. Der Schlüssel zum Ganzen.

Erdumfassende Größe erlangt das Leben im Ozean.
Dies ist vielleicht der bedeutendste unter den Gründen,
welche uns veranlassen können, unsere Gedanken und unser
Gemüt diesem Gegenstande hinzugeben. Im weiten Reiche
der Naturwissenschaft ist immer das so lockend und be-
glückend, daß wir klare und feste Gesetze finden, wo wir
zunächst nur ein Zufallsgewirr durcheinanderlaufender Erscheinungen sahen. In der Wissenschaft vom Leben kommt
dazu ein Gefühl des Wunderbaren, denn das Gewebe gesetzmäßig geordneter Erscheinungen geht hier endlos weit über
unser Begreifen hinaus. Wenn wir aber die Natur zugleich,

wie es in diesem Buche geschehen ist, als im Raume grenzenlos Ausgedehntes betrachten, so überkommt uns mit diesen starken Eindrücken das noch mächtigere Gefühl von ihrer Größe.

In erdumfassender Größe schauen wir hier das Leben. Und — seltsam! — für dies größte Werk seiner raumbezwingenden Macht hat es unter allen den unzähligen Gestalten, die es hervorzubringen vermag, ganz vorzüglich die zwerghaft kleinen gewählt. Überall ist das Leben, obwohl nicht anders denkbar als in ununterbrochenem Zusammenhange, verkörpert in scheinbar ganz selbständigen Einzelwesen. In ihnen allen ist derselbe kleinste Teil enthalten, die Zelle. Zellen zu Millionen können in einem Tier, einer Pflanze vereinigt sein, aber auch eine Zelle allein kann Pflanze, kann Tier sein. Und diese zwerghafte, unserem Auge unsichtbare Einzelzelle ist es, die im Leben des Meeres die Grundlage von allem Leben bildet. Sie ist die Herrscherin in der Unendlichkeit der Wassermassen. Das winzig kleine lebendige Zellkügelchen hat die ungeheure tote Erdkugel überwunden.

Alle die tausend Wunder des Lebens wurzeln ja zuletzt in einem einzigen — darin nämlich, daß eben die Zelle selbst ein unerschöpfliches Wunder ist. Hätten wir statt des gewaltigen Weltmeeres die mikroskopisch kleine Zelle zum Gegenstand unserer Besprechung gemacht, wir würden jetzt noch viel stärker empfinden, wie wunderbar das Leben ist und — wie wenig wir eigentlich davon wissen, wie all unser Forschen nur ein Weg von Rätseln zu Rätseln ist.

Wir haben von den Wundern des Lebens das räumlich größte, welches wir kennen, zu enträtseln versucht, das Leben des Weltmeeres. Wir sind nun am Ende und schließen die Schatzkammer unseres Wissens zu. Da betrachten wir noch einmal den Schlüssel zu allen diesen staunenswerten Dingen. Von allen Kostbarkeiten, die wir gesehen haben, will er uns schließlich als das bei weitem Kostbarste erscheinen. Es ist ein winzig kleines goldenes Schlüsselchen und heißt: — Die lebende Zelle.

VERLAG VON JULIUS SPRINGER / BERLIN

Verständliche Wissenschaft

Bisher sind folgende Bände erschienen:

I. Band:

Aus dem Leben der Bienen

Von

Dr. K. von Frisch

Professor der Zoologie und Direktor des Zoologischen Instituts an der Universität München

Mit 91 Abbildungen. X, 149 Seiten. 1927. Gebunden RM 4.20

II. Band:

Die Lehre von der Vererbung

Von

Professor Dr. Richard Goldschmidt

Berlin-Dahlem

Mit 50 Abbildungen. VI, 217 Seiten. 1927. Gebunden RM 4.80

III. Band:

Einführung in die
Wissenschaft vom Leben oder „Ascaris"

Von

Professor Dr. Richard Goldschmidt

Berlin-Dahlem

Zwei Teile. Mit 161 Abbildungen. XI und 168 Seiten und IV und Seite 169 bis 340. 1927. Beide Teile gebunden RM 8.80

IV. Band:

Das fossile Lebewesen

Eine Einführung in die Versteinerungskunde

Von

Professor Dr. Edgar Dacqué

Konservator an der paläontologischen Staatssammlung in München

Mit 93 Abbildungen. VII, 184 Seiten. 1928. Gebunden RM 4.80

V. Band:

Die Lehre von den Epidemien

Von

Professor Dr. med. Adolf Gottstein

Berlin

Mit 23 Abbildungen. VII, 202 Seiten. 1929. Gebunden RM 4.80

Weitere Bände in Vorbereitung

Einführung in die Biologie der Süßwasserseen.
Von Dr. Friedrich Lenz, Hydrobiologische Anstalt der Kaiser Wilhelm-Gesellschaft in Plön (Holstein). Mit 104 Abbildungen. Band IX der „Biologischen Studienbücher". VIII, 221 Seiten. 1928.

RM 12.80; gebunden RM 14.—

Inhaltsübersicht:

Einleitung. — I. Der Süßwassersee als Lebensraum (Physiographie des Sees). — II. Die Besiedlung des Binnensees: Die Region des freien Wassers (Pelagial). Die Bodenregion (Benthal). — III. Das Gesamtleben im See. — IV. Die Seetypen. — Namen- und Sachverzeichnis.

Kryptogamenflora für Anfänger. Eine Einführung in
das Studium der blütenlosen Gewächse für Studierende und Liebhaber. Begründet von Prof. Dr. Gustav Lindau †. Fortgesetzt von Prof. Dr. R. Pilger, Berlin.

Vierter Band, 1. Abteilung: Die Algen. Von Prof. Dr. Gustav Lindau †. Zweite, umgearbeitete und vermehrte Auflage von Dr. Hans Melchior, Assistent am Botan. Museum in Berlin-Dahlem. Mit 489 Figuren auf 16 Tafeln und 2 Figuren im Text. VIII, 314 Seiten. 1926.

Gebunden RM 20.40

2. Abteilung: Die Algen, zweite Abteilung. Mit 437 Figuren im Text. VI, 200 Seiten. 1914.

Gebunden RM 6.70

3. Abteilung: Die Meeresalgen. Von Professor Dr. Robert Pilger, Privatdozent der Botanik an der Universität Berlin, Kustos am Botanischen Museum in Berlin-Dahlem. Mit 183 Figuren im Text. 154 Seiten. 1916.

RM 3.60; gebunden RM 4.60

Umwelt und Innenwelt der Tiere. Von Dr. med. h. c.
J. von Uexküll, Hamburg. Zweite, vermehrte und verbesserte Auflage. Mit 16 Textabbildungen. VI, 224 Seiten. 1921.

RM 9.—; gebunden RM 12.—

Grundzüge der maritimen Meteorologie und Ozeanographie. Mit besonderer Berücksichtigung der Praxis
und der Anforderungen in Navigationsschulen. Von J. Krauß (Lübeck). Mit 60 Textfiguren. XII, 221 Seiten. 1917.   Gebunden RM 6.—

Neu-Japan. Reisebilder aus Formosa, den Ryukyuinseln, Bonininseln,
Korea und dem südmandschurischen Pachtgebiet. Von Prof. Dr. Richard Goldschmidt. Mit 215 Abbildungen und 6 Karten. VII, 303 Seiten. 1927.

Gebunden RM 18.—

Im Lande der aufgehenden Sonne. Von Prof. Dr.
Hans Molisch, Wien. XI, 421 Seiten. 1927. Gebunden RM 24.—